本书编委会

主　编　田为勇

副主编　张志敏　张　迅　马建华　张晓健

编　委　（按姓氏笔画排序）

冯晓波　任隆江　刘相梅　齐艳红

张　胜　金冬霞　高建平　隋筱婵

编　写　（按姓氏笔画排序）

李小婧　陈　超　林朋飞　姬　钢

环境应急处置技术丛书

砷污染应急处置技术

环境保护部环境应急与事故调查中心　编著

中国环境科学出版社・北京

图书在版编目（CIP）数据

砷污染应急处置技术/环境保护部环境应急与事故调查中心编著. —北京：中国环境科学出版社，2010.9
（环境应急处置技术丛书）
ISBN 978-7-5111-0226-3

Ⅰ. 砷… Ⅱ. 环… Ⅲ. 砷—水污染—紧急事件—处理 Ⅳ. X52

中国版本图书馆 CIP 数据核字（2010）第 058936 号

责任编辑 黄晓燕
责任校对 扣志红
封面设计 耀午书装

出版发行 中国环境科学出版社
（100062 北京东城区广渠门内大街 16 号）
网　　址：http://www.cesp.com.cn
联系电话：010-67112735
发行热线：010-67125803　传真：010-67113405
印　　刷 北京市联华印刷厂
经　　销 各地新华书店
版　　次 2010 年 9 月第 1 版
印　　次 2010 年 9 月第 1 次印刷
开　　本 880×1230　1/32
印　　张 4.75
字　　数 120 千字
定　　价 40.00 元

序

加强应急管理、提高突发事件应对能力，是学习实践科学发展观、建设和谐社会的重要内容。党中央、国务院一直高度重视应急管理工作，把应急管理放在全局工作中的重要位置。《中华人民共和国突发事件应对法》的颁布实施，标志着我国应急管理工作日益走向成熟，体现了党和政府以人为本、依法治国的执政理念和建设和谐社会的执著追求。环境保护部坚决贯彻落实党中央、国务院的决策部署，将其摆在保障和改善民生、维护国家环境安全、忠实履行环保职能的高度，全面加强环境应急管理工作，努力为科学发展、生态文明建设保驾护航，切实维护人民群众的身体健康。

积极防范环境风险，妥善应对突发环境事件是保障国家环境安全最紧迫、最直接、最现实的任务，也是环境保护工作的最后一道防线。当前，我国正处于突发环境事件的高发期，据统计，2005—2009 年，环境保护部直接调度处置的突发环境事件就高达 653 起，平均每两到三天就有一起，一些历史上未曾发生过或是几十年上百年一遇的事件，出现的频率越来越高。这一状况是由我国经济社会发展的阶段性特征所决定的，短期内难以逆转和改变。当前，环境应急管理基础薄弱，防范和处置重、特大突发事件的能力非常欠缺，与应对严峻形势的要求非常不适应，已经成为推进环保历史性转变的短板和“瓶颈”。

行至细微则民安。环境应急管理工作唯有更具体、更细致，落到实处，才能真正筑起保护人民群众生命财产安全，维护国家生态环境安全的有力防线。环境保护部组织清华大学开展的“砷污染防治和应急处置”研究，直接针对近几年砷污染事件频发的态势，今后还将继续抓紧组织专家，总结以往经验，针对发生频次较高、危害较大的这类突发环境事件开展科学研究，积极指导政府、部门、企业等方面及时有效应对突发环境事件，力求将危害和损失降到最小。

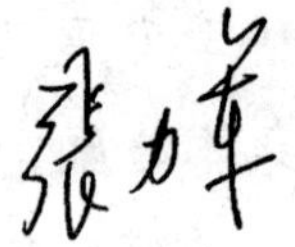

引　言

当前，全国突发环境事件居高不下，环境应急管理面临严峻挑战。尤其是近几年来频繁发生的砷污染等突发环境事件，严重威胁人民群众身体健康。处理好此类突发环境事件，对保障人民群众生命财产安全和环境安全，促进经济社会又好又快地发展，维护社会和谐稳定，十分重要。

砷污染治理是全国乃至世界性的难题，特别是突发环境事件含砷水体的处理和处置技术，到目前为止国际上没有成熟的经验可以直接借鉴。为此，环境保护部应急办组织清华大学开展了“砷污染防治和应急处置”研究，总结了国内外除砷技术的经验，论述了砷的存在形态及转化特性，阐述了化学沉淀法、混凝沉淀法和吸附法等处理技术的基本原理和适用条件，对含砷工业废水及地表、地下水环境砷污染和生活饮用水除砷净水等处理方法提出具体处置措施。附录中提供了贵州省都柳江、山东省邳苍分洪道砷污染应急处置案例，收集了砷的检测方法以及国内主要活性氧化铝、混凝剂生产厂家的名录，力求解决基础研究缺乏、工程技术储备不足的“瓶颈”，在突发砷污染事件中应急处置过程中发挥重要的指导作用。

我们还将持续开展多种污染类型的突发环境事件应急处置技术研究，并依此陆续出版突发环境事件应急处置技术丛书，以有效地指导各地科学应对各类突发环境事件，尽可能减少对人体健康和生态环境的危害。希望广大读者能够提出宝贵的意见，帮助我们将这项工作做得更好。

前言

砷及其化合物毒性较大，长期过量摄入，会对人体健康造成严重损害，导致慢性和急性中毒乃至癌症。近年来，水环境砷污染事件频发，在个别地区也存在饮用水砷超标问题。

砷在水中的主要存在形态包括三价砷和五价砷，其中地下水、河流湖泊底泥和工业废水中主要以三价砷的亚砷酸形态存在，在地表水中主要以五价砷的砷酸氢根和砷酸二氢根的形态存在。

水的砷污染主要涉及三个方面的问题：一是含砷工业废水的处理；二是对砷污染事件中已经被污染的水进行应急处理和水质修复；三是部分高含砷水源地区的饮用水净水除砷问题。

尽管在地壳中砷的丰度不高，但由于水文地质原因，在部分地区水中砷的含量可以达到对人类健康造成严重危害的水平，影响当地的饮水安全。矿产开发、工业生产和使用含砷农药等都可能导致砷进入环境，进而直接或间接影响环境安全。特别是含砷废水的事故排放，包括违法偷排，往往会造成严重的环境砷污染事件。

水的除砷技术有多种，常用的除砷技术主要包括：投加石灰的化学沉淀法、投加铁盐混凝剂的混凝沉淀法和采用除砷吸附材料过滤的吸附法。

化学沉淀法的基本原理是通过投加药剂，与水中的砷离子形成难溶于水的沉淀物，把砷从水中分离出来。五价砷的砷酸根离子可以与钙离子生成砷酸钙沉淀物，由此发展出除砷的石灰沉淀法，但处理后残余的溶解砷浓度仍较高，这种方法常用于高浓度含砷工业废水的预处理和重污染含砷水体的应急处理。另外，五价砷的砷酸根可以被铁盐混凝剂产生的矾花所吸附，去除效果很好，由此发展成为除砷的铁盐混凝沉淀法，可以用于地表水源的饮用水处理和含砷工业废水的达标排放处理，也可用于被污染水体的应急处理。由于水中三价砷的亚砷酸及其亚砷酸根离子同钙离子无法形成难溶解的沉淀物，三价砷用铁盐混凝剂的去除效果也较差，因此采用化学沉淀法和混凝沉淀法除砷时一般先采用预氧化，把三价砷转化为五价砷。吸附法采用对砷有选择性吸附能力的吸附剂作为吸附材料，可用于低浓度含砷水的除砷处理，如含砷地下水的饮用水处理，也可用于构建砷污染水体应急处理的除砷吸附坝。

本书总结了国内外除砷技术的经验，论述了砷的毒性和在环境中的存在形态及其转化特性，阐述了主要除砷水处理技术的基本原理和适用条件，总结了针对不同问题的除砷处理方法，包括含砷工业废水、水环境砷污染、生活饮用水除砷净水的处理措施，并提供了有关应用案例，可用于指导含砷废水处理、砷污染应急处理处置和饮用水除砷净化处理工作。

限于作者水平，书中难免存在疏漏、不足之处，敬请读者批评指正。

目 录

第一章 砷的来源和在环境中的迁移转化特性

1.1 砷的化学性质和在环境中的分布

1.1.1 砷的化学性质

砷在元素周期表中第四周期，与氮、磷、锑、铋共同组成第Ⅴ主族。在自然界中，砷的形态为：As^{3-}、As^{0}、As^{3+}、As^{5+}以及一甲基胂酸（MMA）、二甲基胂酸（DMA）等有机胂。一般而言 As^{3-} 只存在于氧化还原电位（Eh）极低的环境中，以气态砷化氢（AsH_3）的形式存在，在自然界中十分稀少。单质砷在自然界中很少存在[1]。As_2O_3 俗称砒霜，也称白砒，剧毒，因其溶于水后生成亚砷酸，又称为亚砷酐。As_2O_3 微溶于水，在 0℃时每 100 mL 水中可溶解 1.2 g，100℃时可溶解 6 g。自然条件下存在形式为 As_4O_6，在 1 732℃以上转化为单体 As_2O_3。As_2O_3 为两性氧化物，酸性略强于碱性，故易溶于碱生成亚砷酸盐（M_3AsO_3）和偏亚砷酸盐（$MAsO_2$）。除碱金属亚砷酸盐外，其他金属亚砷酸盐几乎都不溶于水[2]。As_2O_5 又称砷酐[3]，白色无定形固体，在空气中易于潮解，易溶于水，每 100 mL 冷水中可溶解 150 g，但在热水中仅能溶解 76.7 g。As_2O_5 在 315℃时分解为 As_2O_3 和氧气。五价砷的含氧酸有砷酸、偏砷酸和焦砷酸。通常称 $H_3AsO_4 \cdot H_2O$ 为正砷酸，它是无色透明晶体，160℃失去结晶水变成焦砷酸，继而变成偏砷酸，完全失去水后变成 As_2O_5。As_2O_5 和砷酸主要表现为酸性和氧化性，与碱反应生成砷酸盐，与还原剂反应视还原剂的强弱分别将砷还原为+3 价、0 价和–3 价[2]。

砷能够和硫生成硫化砷，同时砷经常作为伴生元素，存在于硫化物矿床中。在化学上，砷属于半金属元素，既能形成简单的阳离子和阴离子，又能和硫等形成络合阴离子，并与金属 Fe、Cu、Pb、Zn 等形成化合物，如硫砷铅铜矿（$PbCuAsS_3$）[4]。

1.1.2 砷在地壳与土壤中的分布

砷在地壳、大气圈、水圈、生活圈中含量甚微，呈分散状分布。在地壳中的平均含量，不同研究者结论不同，其丰度约为 2×10^{-6}。自然界中，砷是 240 余种矿物的组成成分，最常见的是以金属硫化物矿石或金属的砷酸盐出现，单质砷很少发现。不同类型的矿床中，金属元素与砷的比例不相同，世界上 15%的铜资源中砷与铜之比约为 1∶50；31%的钴资源中，砷与钴之比为 1∶2；10%的锡资源中，砷与锡之比约为 1∶10。

在世界各地土壤中砷的平均含量约为 5 mg/kg，最低可小于 0.1 mg/kg，最高可高于 1 000 mg/kg。我国土壤中砷含量的平均值大部分在 10 mg/kg 以下。近代或现代火山地区如科罗拉多、墨西哥、意大利、日本，部分地区土壤砷含量可达 10 000 mg/kg 以上。此外当土壤中含有大量硫化物矿物时，土壤中也有较高的砷浓度。瑞士一些分布于硫矿周边的土壤，土壤中砷的浓度最高可达 8 000 mg/L[5，6]。

1.1.3 砷在水圈中的分布

海水中砷的浓度为 1～8 μg/L，平均约为 2 μg/L。砷在各海域的分布不均匀，一般外海的砷浓度较为稳定。近海由于受到人类活动及土壤风蚀的影响，浓度较高。近海砷的平均浓度分布在 1～100 μg/L 之间。我国沿海海域砷含量范围在 0.5～6 μg/L，绝大部分测定结果小于 3 μg/L，海底沉积物中砷含量一般不高于 10 mg/kg[5，7]。

一般河流、湖泊中砷的浓度为 1.5～2 μg/L，未受污染河流、湖泊中砷的浓度约为 1 μg/L。我国河水中砷含量一般不超过 5 μg/L。但在部分地区由于受当地的地质环境影响，会出现高砷河段。如黄河在兰州以下河段中砷含量一般高于 40 μg/L，黄河河水中的砷主要存在于悬浮颗粒中，它来源于流域的土壤母质。淡水湖沉积物的砷含量一般在 1～10 mg/kg 之间。我国滇池沉积物中砷的平均含量为 11.7 mg/kg，白洋淀沉积物砷的平均含量为 13.93 mg/kg，蓟运河沉积物砷的平均含量为 11.64 mg/kg[8]。

地下水和温泉中砷含量由地质条件决定。含水层的岩石类型以及其他地质条件等都能直接影响地下水中砷的浓度。地下水中砷的浓度范围较广，一般为 0～1 000 μg/L。我国台湾沿岸地区井水中砷的浓度范围一般为 0.24～1.82 mg/L，在湖南某雄黄矿地下水中砷含量竟高达 280～500 mg/L[5]。

1.1.4 砷在大气和降水中分布

在没有空气污染的山谷和海岸地区，大气中砷含量为 0.02～4 ng/m^3。城市中大气的砷含量大约为清洁地区的 10 倍，浓度范围为 3～400 ng/m^3。一般大气降水中砷含量也较低，平均浓度约为 2.5 μg/L[5，7]。

1.1.5 砷在生物体内的分布

植物中的砷主要来源于土壤（陆生植物）和海水（海洋植物及藻类），多数陆生植物的砷含量小于 1 mg/kg（干重），但海藻中的砷往往高于 1 mg/kg（干重）。生长在不同地区的植物体内的砷含量有显著差别。

动物体内的砷含量与动物的生活环境密切相关，一般海洋生物体内的含量高于陆地或淡水生物体内的含量。陆地野生动物体内砷的含量一般为 0.4～1.1 mg/kg，而海洋生物体内砷的含量一般都大于 1 mg/kg。

砷在人体内的含量一般不会超过 100 mg，但对于生活在不同地区的人而言，其体内砷的含量存在较大差异。据研究，正常人体内砷总量平均为 14～21 mg，平均浓度为 0.2～0.3 mg/kg。砷在不同组织器官中含量差别很大，一般在头发和骨骼中砷含量较高[5，7]。

1.2 环境中砷的来源

环境中砷的主要来源途径包括：风化和人类生产活动。砷在自然界中分布广泛，地壳中的砷可通过风化等多种途径进入生物圈和食物链，进而影响生态平衡和人类的生产生活。人类在采矿、煅烧矿石、燃烧化石燃料以及使用各类含砷化合物过程中也会使大量的砷进入生物圈[9，10]。

1.2.1 砷的天然源

环境中砷的最大天然来源是岩石的风化，每年约为 45 000 t。由岩石风化形成的砷，大部分通过河流迁移进入海洋中。此外砷的天然源还包括：地下水侵蚀矿层和火山喷发所释放的砷[5]。

一般来说，由岩石风化等天然原因进入环境的砷不会对人类以及生态平衡构成较大威胁。但因地质原因，造成局部地区地下水中含砷浓度较高，如果人类长期饮用高含砷地下水则会对人体健康造成直接危害。例如在我国台湾南部地区，由于居民长期饮用含砷浓度为 0.8～2.5 mg/L 的高砷深井水，造成部分居民患有“黑足病”或出现身体躯干色素异常等砷中毒症状[2]。

1.2.2 砷的工业源

砷能与众多有色金属形成含砷硫化矿。因此在有色金属冶炼、硫化物的开采利用等工业生产过程中都会造成砷的集中排放。此外砷在农药、化工、玻璃、合金等工业领域也有着广泛应用，每年因工业生产也会使大量的砷进入环境。

1.2.2.1 含砷矿石的开采与冶炼

砷与许多有色金属都是伴生的，铜精矿中砷的含量可高达 0.2%～2%，锌精矿中含砷量一般为 0.01%～0.3%。每年仅因冶炼铜、锌、铅这三类金属，平均就会产生数万吨砷。这些砷若未加处理直接随废水、废渣进入环境，就会直接威胁生态安全。我国湖北某有色金属冶炼厂，通过各种炉、窑烟道排放砷达 226 t/a，通过废水排放砷为 2.47 t/a。污染区域内沉降到地面的砷最高达 0.065 g/(m^2·月)，土壤中砷的浓度最高达 66.38 mg/kg，受重污染的农田面积达 1 467 hm^2 [5]。

在矿石开采过程中还需要特别注意对含砷矿渣的处理。日本岛根县的铜矿山 1949 年关闭，关闭时其矿渣堆积如山。1972 年进行环境调查时发现当地地表土壤中含砷竟达 10 000 mg/kg 以上，该地区的井水中砷也高达 0.125 mg/L。在该矿关闭 23 年后，当地居民中仍能检查出慢性砷中毒患者。

采矿过程中含砷矿井水的排放是造成砷污染的另一途径。例如我国湖南某雄黄矿排水中砷含量高达 150～400 mg/L。因此在采矿过程中，将这部分高含砷的矿井水直接排入地表时，就会造成河流和土壤的砷污染[5]。

1.2.2.2 化工生产

由于砷能和硫化物矿石共生，据估算全世界每年由于煅烧含硫矿石进入大气圈的砷达 6×10^4 t。大连化工厂曾经使用高含砷的硫铁矿制取硫酸，其污水未经处理直接排入渤海，据 1972 年的调查，每天排入大连湾的砷达 6 t 之多，造成部分海域砷严重超标。大连港西口至海茂以西海域海水中砷浓度高达 0.2 mg/L，对当地生态和水产资源形成严重危害。此外，化工生产中常以砷作为原料。据 1980 年北京市统计，随污水排出的砷总计达 16.32 t/a，其中工业废水占 92%[5]。

1.2.2.3 化石燃料燃烧

煤和石油等化石燃料中也含有微量的砷。煤炭中砷含量一般在 3～45 mg/kg，平均为 5 mg/kg。原油中砷的含量小于 1 mg/L。由于煤炭是我国主要化石燃料，因此每年因燃煤也造成了大量砷进入环境。煤中含有砷是造成火电站附近大气中砷浓度高的主要原因。

1.2.3 砷的农业源

农业生产过程中使用的杀虫剂、除草剂、脱叶剂、杀菌剂和种子消毒剂中经常含砷。砷的各类用途中，农药的比重最大。因此，在农业生产过程中大量使用的含砷药剂也是砷进入环境的渠道之一。施用含砷农药会造成砷在农田土壤中积累。Johnes 等人在美国果园中分析结果显示未散布砷酸铅农药区域中土壤的砷含量为 3～14 mg/kg，而散布砷酸铅土壤的砷含量可达 18～144 mg/kg[5]。

目前，由于各种无机砷农药带来的污染问题已引起人们的重视。无机砷农药已逐步被有机磷等低毒农药所取代。

1.3 水环境中砷的迁移转化

天然水环境中，砷的存在形态取决于环境的 pH、Eh（氧化还原电位）、温度以及环境中存在的有机物的种类、浓度和悬浮颗粒的组分与数量等因素。一般水中化学元素按其物理形态可分为溶解态和颗粒态。水环境中溶解态的砷主要以离子或胶粒态为主，而颗粒态的砷主要以吸附态形式存在。

1.3.1 水中砷的价态及其转化

天然水体中砷主要以正三价和正五价形式存在，在不同 pH 条件下具有不同的存在形式，主要包括 H_3AsO_4、$H_2AsO_4^-$、$HAsO_4^{2-}$、AsO_4^{3-}、H_3AsO_3、$H_2AsO_3^-$、$HAsO_3^{2-}$、AsO_3^{3-} 等。一般水体中总砷可以写成式（1-1）形式：

$$\begin{aligned}\sum As=&[H_3AsO_4]+[H_2AsO_4^-]+[HAsO_4^{2-}]+[AsO_4^{3-}]\\&+[H_3AsO_3]+[H_2AsO_3^-]+[HAsO_3^{2-}]+[AsO_3^{3-}]+[AsO^+]\end{aligned} \quad (1\text{-}1)$$

亚砷酸的一、二、三级电离常数分别为：

$$K_{1-H_3AsO_3}=4\times10^{-10};\ K_{2-H_3AsO_3}=7\times10^{-13};\ K_{3-H_3AsO_3}=4\times10^{-14}$$

在不同 pH 条件下，水中亚砷酸各类离子的存在比例如图 1-1[11] 所示：

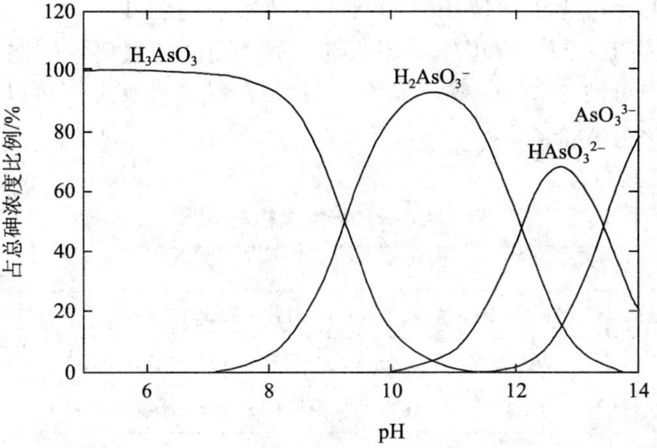

图 1-1 不同 pH 条件下各 As（Ⅲ）组分比例

砷酸的一、二、三级电离常数分别为：

$$K_{1-H_3AsO_4}=6\times10^{-3}；K_{2-H_3AsO_4}=2\times10^{-7}；K_{3-H_3AsO_4}=3\times10^{-13}$$

在不同 pH 条件下，水中砷酸的各类离子存在的比例如图 1-2[11]所示：

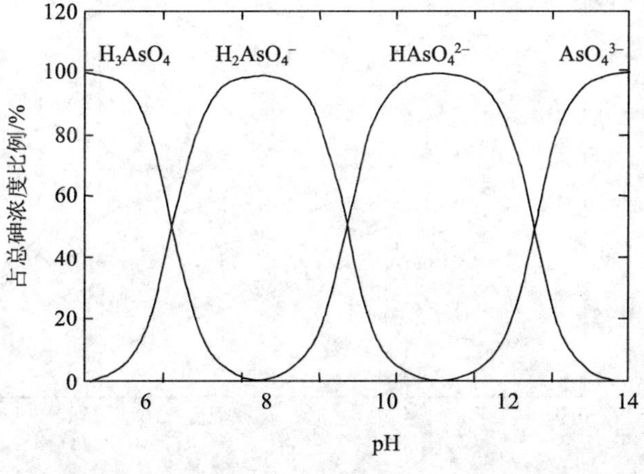

图 1-2 不同 pH 条件下各 As（Ⅴ）组分比例

砷的标准电极电位 Eh^0 如表 1-1 所示。由表 1-1 可知 As（Ⅲ）既可作为氧化剂，也可作为还原剂。As（Ⅲ）的氧化性较弱，在碱性溶液中可被 Zn、Al 等还原为 AsH_3。在碱中性条件下可以被强氧化剂氧化为五价砷。

表 1-1　砷的标准电极电位[12]

氧化态		电极反应	φ^0 / V
酸性	As（0）/As（－Ⅲ）	$As + 3H^+ + 3e \rightleftharpoons AsH_3$	–0.60
	As（Ⅲ）/As（0）	$H_3AsO_3 + 3H^+ + 3e \rightleftharpoons As + 3H_2O$	0.25
	As（Ⅴ）/As（Ⅲ）	$H_3AsO_4 + 4H^+ + 4e \rightleftharpoons H_3AsO_3 + 2H_2O$	0.56
碱性	As（Ⅲ）/As（0）	$AsO_2^- + 2H_2O + 3e \rightleftharpoons As + 4OH^-$	–0.68
	As（Ⅴ）/As（Ⅲ）	$AsO_4^{3-} + 2H_2O + 2e \rightleftharpoons AsO_2^- + 4OH^-$	–0.71

根据以上数据及平衡时水环境的 pH、Eh 和水温等就可以计算出理论上砷的各种形态离子存在的比例。图 1-3 显示的是砷的 Eh-pH 图[13]。

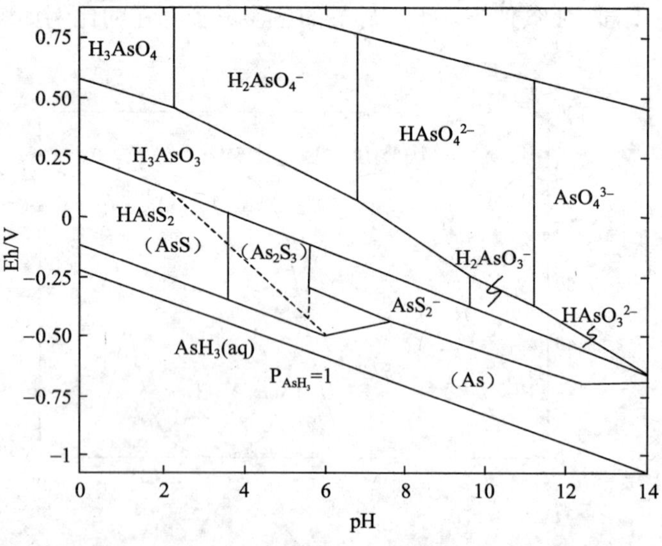

图 1-3　砷的 Eh-pH 图

但这种对砷在不同氧化还原电位和在不同 pH 下的浓度比例的计算并没有多大的实际意义，因为大多数天然水环境并非处于平衡状态。例如大多数天然水环境中，表层的水、气交界面和底层的固、液交界面的氧化还原条件有着显著差别。他们之间表现出较大的氧化还原梯度并随着混合、扩散及生物活动程度不同而不断变化。天然水系统性质的高度复杂性使得许多不相同的氧化还原环境，有可能共存于同一系统中。

1.3.1.1 Eh、pH 的影响

一般认为，在高溶解氧的表层水中三价砷有向五价砷转化的倾向。但是根据美国环保署 2001 年的研究结果，在数小时至数天的时间内，水中的溶解氧尚不能把水中的三价砷氧化成五价砷[14]。尽管在一般 pH 条件下高溶解氧水中五价砷是热力学稳定状态，但由于天然水体不是纯溶剂以及存在较为复杂的生物转化作用。因此三价砷和五价砷在水体中都能够共存，只是在高溶解氧的水中以五价砷为主。在深水层和底泥中，由于氧化还原地位较低，砷能够以三价存在。含砷废水排入水体后砷的形态转化规律对于有效控制砷污染极为重要，但是目前尚未掌握有关的特性，特别是三价砷在水体中向五价砷转化的特性，尚待深入研究。

由砷存在的 Eh-pH 图可知，pH 是决定不同价态砷能否稳定共存的另一个主要因素。在相同 Eh 条件下，pH 不同砷的主要存在形式也可能不同。研究结果显示，在 pH 为 1～12 条件下用含三价砷 0.04 mg/L 的水进行模拟试验研究，通过静置 24 h，观察不同 pH 条件下三价砷的变化：pH 在 1～4 范围内三价砷比较稳定，随着 pH 升高，三价砷向五价砷转化速率也相应增加[5]。

1.3.1.2 微生物的影响

一般天然水环境中三价砷的浓度往往高于热力学平衡的浓度，这种情况主要与水体中微生物作用有很大关系。已经证明：不管在淡水还是在海水中都有许多细菌能够将五价砷还原为三价砷并进而合成有机胂。例如在含砷培养基中生长的曲霉等真菌能够释放出以大蒜气味为特征的含胂气体。

微生物除了能将砷酸盐还原外，自然界还有很多细菌能够将亚砷酸盐氧化为砷酸盐。无色杆菌、假单胞菌、节细菌等许多细菌都具有这种氧化亚砷酸盐的能力。微生物这种生物活性也是湖泊中亚砷酸盐氧化为砷酸盐的主要途径[15，16]。

1.3.1.3 悬浮物、沉淀物的影响

研究发现：当水环境中存在沉淀物时，能够促使三价砷氧化成为五价砷。这是个吸附–氧化过程，砷的氧化作用和吸附作用同时发生，但具体过程尚不清楚。沉淀物中参与砷氧化反应的主要组分是铁和锰。从热力学角度看，由式（1-2）和式（1-3）可知，三价砷可以被四价锰和三价铁所氧化。其中 E^0 值可由相应的半反应计算得到[5]。

$$MnO_2 + H_3AsO_3 + 2H^+ \rightarrow Mn^{2+} + H_3AsO_4 + H_2O \qquad E^0 = 0.67\ \mathrm{V} \tag{1-2}$$

$$2Fe^{3+} + H_3AsO_3 + H_2O \rightarrow 2Fe^{2+} + H_3AsO_4 + 2H^+ \qquad E^0 = 0.21\ \mathrm{V} \tag{1-3}$$

1.3.2 水中颗粒态砷的形成

天然水体中颗粒态砷主要是指悬浮颗粒和沉积物中的砷。天然条件下，砷由溶解态转为颗粒态，并最终在河流、湖泊、海洋中沉积物中沉积的可能途径包括：①形成其他金属离子的难溶盐；②形成硫化物沉淀；③与其他金属不溶物共沉淀；④被黏土颗粒、矿物碎屑或其他金属化合物吸附；⑤与磷酸盐发生同晶置换而富集在磷酸盐沉淀中[17]。

砷能够与水中多种金属离子形成难溶盐，这些难溶盐的溶度积 pK_{sp} 如表 1-2 所示。

表 1-2　某些难溶砷化物及其溶度积[18]

化合物	K_{sp}	pK_{sp}	化合物	K_{sp}	pK_{sp}
Ag_3AsO_3	4.5×10^{-19}	18.35	$Ba_3(AsO_4)_2$	8.0×10^{-51}	50.11
Ag_3AsO_4	1.0×10^{-22}	22	$FeAsO_4$	5.7×10^{-21}	20.24

化合物	K_{sp}	pK_{sp}	化合物	K_{sp}	pK_{sp}
$Ca_3(AsO_4)_2$	6.8×10^{-19}	18.17	$CrAsO_4$	7.7×10^{-21}	20.11
$Sr_3(AsO_4)_2$	4.29×10^{-19}	18.37	$AlAsO_4$	1.6×10^{-16}	15.8
$Mg_3(AsO_4)_2$	2.1×10^{-20}	19.68	AlAs	1.6×10^{-16}	15.80
$Ni_3(AsO_4)_2$	3.1×10^{-26}	25.51	As_2S_3	2.1×10^{-22}	21.68
$Zn_3(AsO_4)_2$	2.8×10^{-28}	27.55	$BiAsO_4$	4.4×10^{-10}	9.36
$Co_3(AsO_4)_2$	6.8×10^{-29}	28.17	UO_2HAsO_4	3.2×10^{-11}	10.50
$Mn_3(AsO_4)_2$	1.9×10^{-29}	28.72	$NH_4UO_2HAsO_4$	1.7×10^{-24}	23.77
$Cd_3(AsO_4)_2$	2.2×10^{-33}	32.66	KUO_2AsO_4	2.5×10^{-23}	22.60
$Pb_3(AsO_4)_2$	4.0×10^{-36}	35.39	$NaUO_2AsO_4$	1.3×10^{-22}	21.87
$Cu_3(AsO_4)_2$	8.0×10^{-36}	35.1	$LiUO_2AsO_4$	1.5×10^{-19}	18.82

注：pK_{sp} 代表 $\log(K_{sp})$。

能否形成砷酸盐沉淀，不仅取决于砷浓度和金属离子浓度，而且取决于水环境的 pH 和其他阴离子浓度。这是因为多数能和砷酸盐形成沉淀的金属离子，其氢氧化物和部分阴离子化合物也是难溶的。因此，在较高的 pH 或存在较高其他阴离子浓度条件下，可能首先形成氢氧化物沉淀或其他沉淀，而不与砷酸根形成砷酸盐沉淀。另外由前面所述可知：水中的 pH 能够直接决定水中砷酸根在总砷中的比例。

吸附是砷由溶解态转入颗粒态的最主要途径。对于天然水中的砷来说，最主要的吸附剂是黏土颗粒、矿物碎屑和某些金属的氧化物或氢氧化物。在液相中固体的行为极为复杂，有关离子在固体界面上吸附的机制有许多不同的解释。对砷而言，较为适用的是表面配合物模型。模型认为：带有负电荷的阴离子，尤其是带有较高负电荷的阴离子均可能在带正电的固体表面上发生非特异性吸附[5]。

1.3.3 三价砷的氧化特性

砷的来源主要可分为天然源和人为源。其中天然源以地下水为主，人为源主要以工业废水为主。地下水中由于长期处于还原态，因此刚排出地面时，水中的砷主要以还原态三价砷形式存在。由人类生产生活过程中排放的含砷工业废水主要包括化工工业废水和冶金工业废水，这些废水中的砷主要源于冶金和化工生产中用到的含砷矿物，主要以三价砷形式存在。砷的价态直接影响砷的去除特性，不管是化学沉淀法还是化学吸附法，三价砷的去除特性都明显逊于五价砷。此外，三价砷的生物毒性要明显高于五价砷。在除砷处理中，一般需要先把水中的三价砷氧化为五价砷，以提高除砷效果。

美国环保署（USEPA）针对各类氧化剂对三价砷的氧化特性开展了大量研究，研究结果可以得出如下结论[14, 19]。

对水样曝气保持水样处于高溶解氧水平在数小时至数天内不能把三价砷氧化为五价砷。在高溶解氧条件下贮存水样 5 天，溶解砷中依然以三价砷为主，高溶解氧条件下在数天之内未见明显的三价砷氧化，如图 1-4 所示。

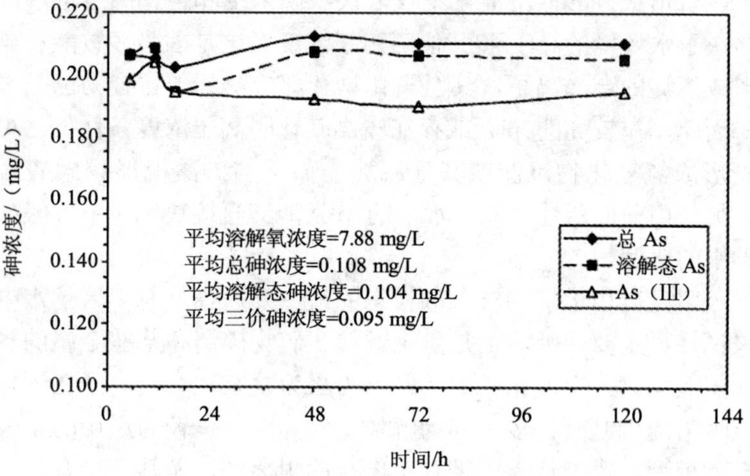

图 1-4　溶解氧对 As（III）的氧化作用

pH 为 6.3～8.3，氯和高锰酸钾能够快速氧化三价砷成五价砷，一般情况下，三价砷能被氯和高锰酸钾在一分钟内快速氧化。由于三价砷的氧化速度很快，水中消耗氧化剂的还原性物质，如溶解性锰、溶解性铁、硫化物和 TOC（总碳）等，对三价砷的氧化效果影响不大。在不同 pH 和不同硫化物浓度条件下，氯和高锰酸钾对三价砷的氧化作用如图 1-5 至图 1-8 所示。

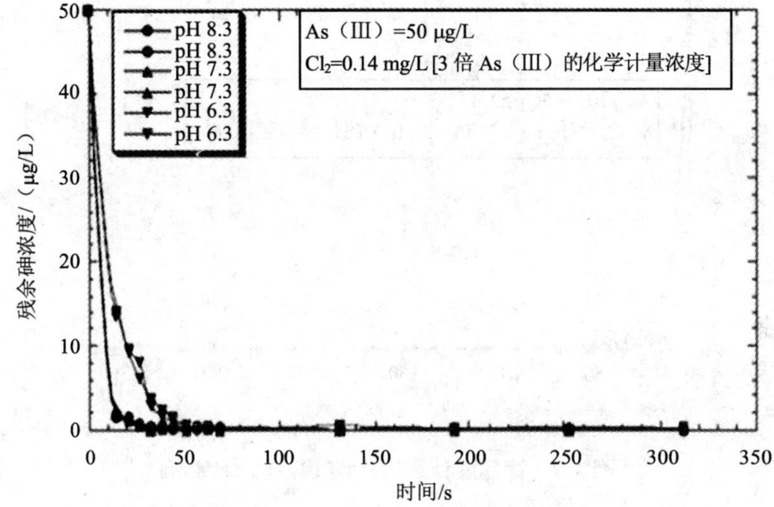

图 1-5　氯氧化 As（Ⅲ）的 pH 影响

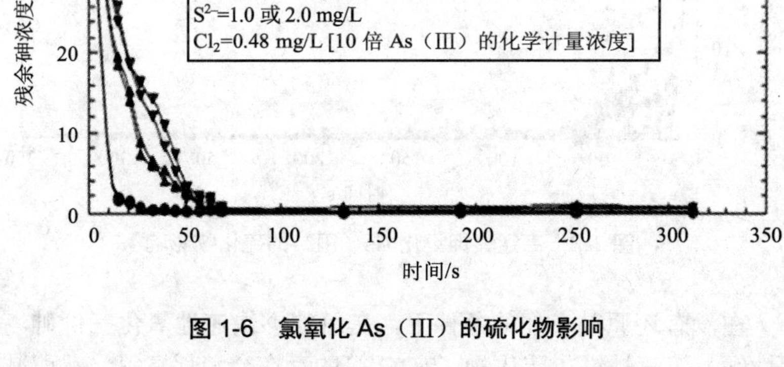

图 1-6　氯氧化 As（Ⅲ）的硫化物影响

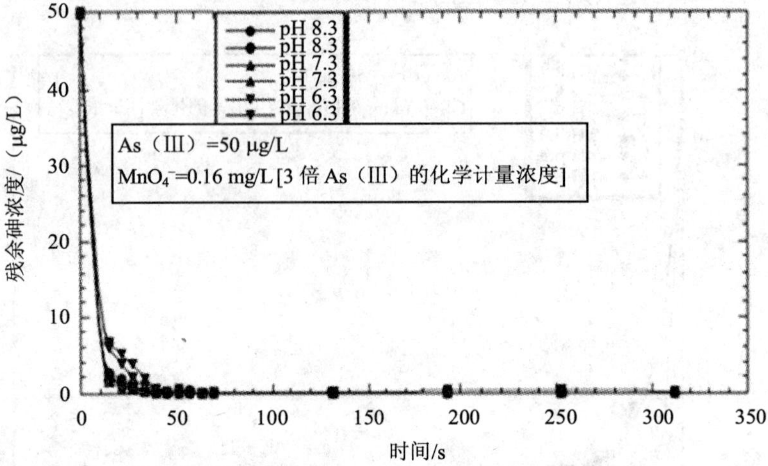

图 1-7　高锰酸钾氧化 As（Ⅲ）的 pH 影响

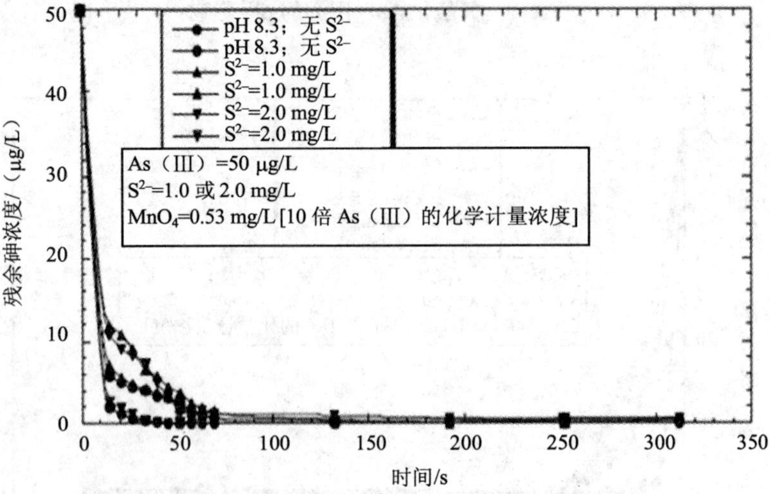

图 1-8　高锰酸钾氧化 As（Ⅲ）的硫化物影响

在没有还原剂存在的条件下，臭氧能够快速地氧化三价砷。溶解性锰、溶解性铁、硫化物、TOC 等的存在会消耗臭氧，从而减缓氧化过程。臭氧氧化三价砷的 pH、硫化物以及 TOC 的影响如图 1-9 至图 1-11 所示。

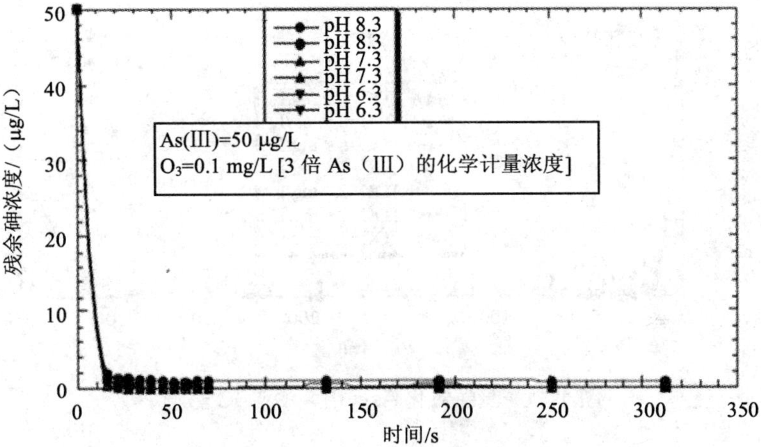

图 1-9　臭氧氧化 As（Ⅲ）的 pH 影响

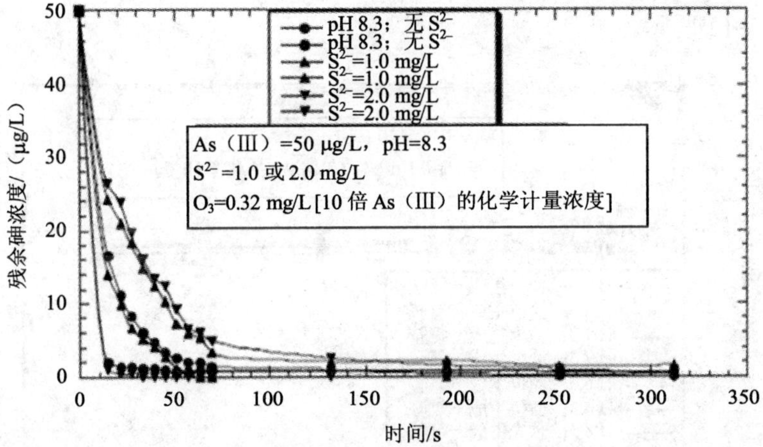

图 1-10　臭氧氧化 As（Ⅲ）的硫化物影响

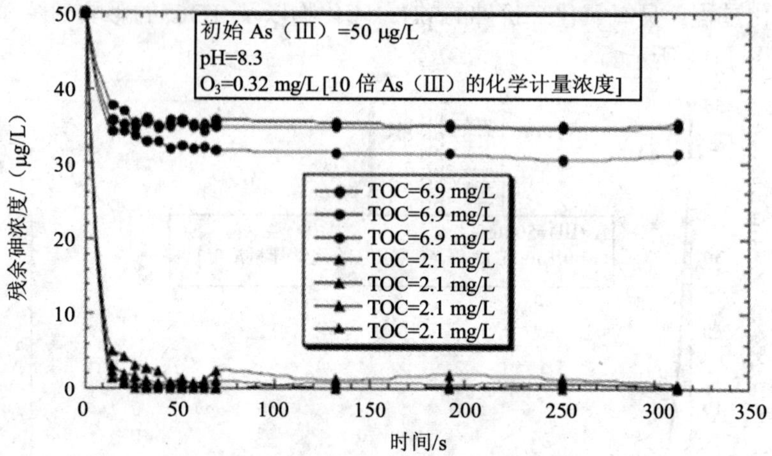

图 1-11　臭氧氧化 As（Ⅲ）的 TOC 影响

一氯胺对三价砷的氧化不起作用。但是，如果在水中通过先投加氯再投加氨形成一氯胺，则对三价砷有一定的氧化作用，这是因为先投加的氯可以快速氧化三价砷。一氯胺氧化三价砷的效果如图 1-12 所示。

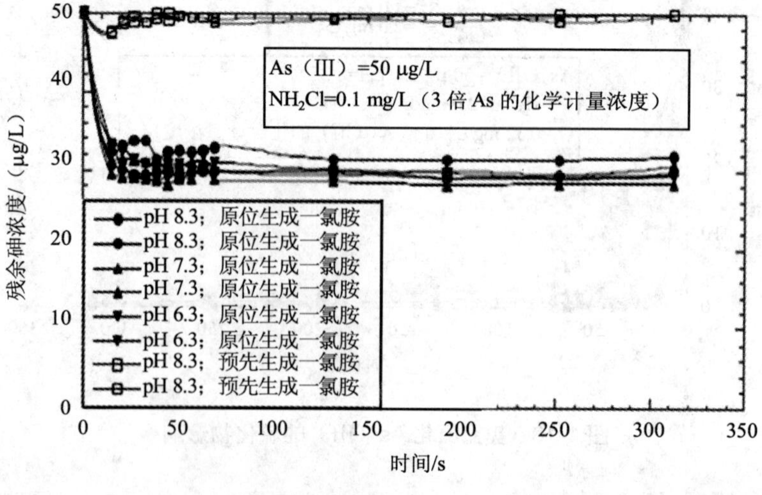

图 1-12　一氯胺对 As（Ⅲ）的氧化作用

由上述三价砷的氧化特性可知，水中的溶解氧在短时间内（数小时至数天）对三价砷的氧化作用有限，同时由于天然环境的复杂化学、生物特性，在天然水体中三价砷和五价砷经常共存。由于多种除砷技术对五价砷的去除效果远高于三价砷（详见第三章），因此为了更加有效地指导除砷处理，在有条件时，应分别测定水中三价砷和五价砷。对于水中含有一定比例三价砷的情况，应在除砷技术前增加预氧化工艺，将三价砷转化为五价砷，以提高除砷效果。

1.3.4 水环境中砷的迁移与循环

在一般地表水的 pH 和 Eh 条件下，砷主要以五价砷的 $HAsO_4^{2-}$ 和 $H_2AsO_4^-$ 形式存在，因此不易被水中带负电的黏土类颗粒物吸附去除。此外，相对于其他重金属离子沉淀物而言，砷酸盐的溶度积相对较大。因此，在天然水环境中，在各类砷的形态中，溶解态的砷占有相当大的比重。京津地区的一些主要河流水体中溶解态的砷在总砷的比例可达 53%～97%，渤海大连湾海域中平均 82.19%的总砷为溶解态砷。天津大沽口海域中溶解态砷占总砷的 73%～78%。但是在黄河等悬浮物很多的水中，砷主要以悬浮颗粒态存在[5]。

在一般水体环境中，砷主要以五价砷形式存在。但是在深海、湖泊深层和各类沉积物中三价砷占有较高比例。在厌氧的沼泽地，也可能三价砷占有较大的比例。水体中的有机胂主要是因微生物生化作用形成的，在某些水体中有机胂占有相当大比重。因此，砷的生物循环在砷的总循环中占有相当重要地位。例如，大连湾水域中有机砷占总砷比例的平均值为 45.83%。

关于砷的迁移模型，1972 年 Ferguson 等提出具有分层构造的湖泊中的砷的迁移模式。表层砷被空气氧化由三价砷变为五价砷后随铁共沉淀（或在吸附沉淀的同时发生三价砷的氧化作用）。在湖泊底层，砷除了能与硫化物形成沉淀之外，还可在厌氧条件下形成甲基化胂[5, 20]。

总之，天然水中砷的存在形态、迁移及转化主要受氧化还原作用、吸附作用和生物化学作用三者的制约。三者共同作用的结果使得在同一水环境中砷能够以不同的形态同时存在。

第二章　砷的毒性与检测分析方法

各类因饮用高砷地下水而导致人体砷中毒的事件时有报道。2009 年有报道称孟加拉国因饮用高含砷地下水可能造成两百万人集体砷中毒，堪称人类史上最大中毒事件[21]。由于砷广泛存在于地壳岩石中，在地下水的侵蚀作用下，砷被释放进入地下水，形成高含砷地下水，人类饮用高含砷地下水就可能出现砷中毒。目前关于含砷地下水的问题已引起人们的广泛关注。此外，在冶金、化工过程中会产生大量高浓含砷废水、废渣、废气。若这些含砷废水、废渣、废气不加以处理也会导致地表水环境的砷污染。同时砷还被广泛应用于农药、制革、木材防腐剂、半导体铸件以及金属黏合剂、弹药、激光器、晶体管等工业领域。因此研究砷的毒性和砷的分析检测方法对于防治砷污染具有重要现实意义。

2.1 人体暴露水平

天然水体中砷的浓度通常在 1～2 μg/L，但在高砷地区，水中砷的含量也明显增高甚至可达 1 000 μg/L 以上。在 1980 年、1982 年和 1984 年对中国新疆奎屯地区井水砷含量调查如下：分布在 87 个村庄中的 141 口井水含砷量过高，有 73 口井含砷量为 0.05～0.1 mg/L；32 口井含砷量为 0.1～0.2 mg/L；15 口井含砷量为 0.2～0.3 mg/L；13 口井含砷量为 0.3～0.4 mg/L；5 口井含砷量为 0.4～0.5 mg/L；0.5 mg/L 以上的有 3 口井，其中最高的一口井中含砷量达 0.88 mg/L。高砷井水区面积达 1 200 km^2，饮用高砷井水人口达 50 760[22]。

鱼和肉类也是人体摄入砷的主要来源，曾报道海鱼中含砷量为 0.4～118 mg/kg，肉和家禽中砷含量也可达 0.44 mg/kg。一般饮用水中砷含量低于 5 μg/L，按每日 2 L 饮水量计算，平均每日因饮水摄入砷含量应低于 10 μg。因此每天因食物摄入的砷含量可能高于饮用水中摄入的砷含量[23]。

成人平均每日从食物中摄入的总砷量为 16.7～129 μg，平均为 40 μg。婴儿和儿童为 1.26～15.5 μg。根据各种食物中含砷量及种类，可以估计每日摄入的砷中无机砷约占总摄砷量的 25%，有机胂占 75%。在饮用水为高砷水的地区，从饮用水中摄入的砷可能占砷总摄入量的绝大部分。在我国新疆的调查表明：通过饮水摄入的砷占总摄砷量的 86.2%，从粮食、蔬菜和空气中摄砷量分别占总摄砷量的 8%、3.4%、2.3%[22]。

2.2 砷的毒性

2.2.1 急性和慢性毒性

在体内，砷可与细胞内巯基酶结合而使其失去活性，从而影响组织的新陈代谢，引起细胞死亡。也可使神经细胞代谢障碍，造成神经系统病变。砷对消化道有腐蚀作用，接触部位可产生急性炎症、出血与坏死。砷吸收后，可麻痹血管运动中枢，可直接作用于毛细血管，使脏器的微血管发生麻痹、扩张和充血，以致血压下降。人体吸收的砷，部分贮留于肝脏，引起肝细胞退行性变和糖原消失。砷进入肠道，可引起腹泻，并可使心脏及脑组织缺血，引起虚脱，意识消失及痉挛等[24]。

不同形态的砷的毒性不同。有研究表明三价砷的毒性高出五价砷 60 倍，五价砷对大鼠和小鼠的经口半数致死量为 100 mg/kg，而三价砷的这个数值约为 10 mg/kg。此外，有研究显示粗制和精制 As_2O_3 对大鼠经口半数致死量分别为 23.6 mg/kg 和 15.1 mg/kg；对小鼠的经口半数致死量分别为 42.9 mg/kg 和 39.4 mg/kg。各种形态砷的毒性如下：AsH_3＞As（Ⅲ）＞As（Ⅴ）＞甲基胂（MMA）＞二甲基胂（DMA）。

砷的慢性毒性主要是因长期饮用高含砷地下水引起，能够对人类呼吸系统、皮肤、肝脏、心血管系统、神经系统及其他组织造成损害。对小鼠长期喂含氧化砷的水会发现小鼠毛无光泽，并且出现表皮和皮下组织溃疡和瘢痕、角化过度等症状。此外小鼠还可能出现血脑屏障机能紊乱，肝脏、肾脏功能衰退等症状[23]。

2.2.2 致畸性、致突变性和致癌性

给妊娠第 7～15 天的小鼠腹腔注射经胃管灌入砷酸钠。结果表明：在妊娠第 9 天或第 10 天腹腔注射 40 mg/kg 的砷酸钠会引起明显畸形，主要表现是短尾、睁眼、弯曲尾、露脑。但是，在相同妊娠天数的小鼠经口给予 10～40 mg/kg 砷酸钠则引起吸收胎数增加，但未见畸形数明显增加。已有多项关于砷酸钠对金黄地鼠致畸性作用的研究，总体来说砷酸钠可引起吸收胎以及畸形率的增加。

砷酸盐和亚砷酸盐能透过哺乳动物胎盘。砷酸盐和亚砷酸钠具有致胚胎毒性和致畸性。但是，经口染毒需要高剂量的砷酸盐才能引起比较少的畸形。

在鼠伤寒沙门菌/微粒体的致突变性试验中，亚砷酸盐和砷酸盐均为阴性。As_2O_5 在枯草杆菌试验中为阳性，在大肠杆菌试验中 Na_3AsO_3 可引起点突变。在一系列的哺乳动物细胞试验系统中，砷酸盐和亚砷酸盐能引起染色体畸变。小鼠饮用含亚砷酸盐浓度为 10 mg/kg 和 100 mg/kg 的水 8 周，可引起骨髓细胞染色体畸变率的轻度增加，但未引起雄性小鼠致死频率的明显增加。

砷在细菌试验系统以及哺乳动物试验中似乎不具有致突变性。在各种培养的细菌试验系统中能引起染色体畸变，其中三价砷比五价砷的作用强[7，22]。

2.3 对人体健康的影响

2.3.1 砷的中毒症状

砷化物可引起人的急性中毒。As_2O_5 经胃肠道摄入的致死量为 70～180 mg，中毒症状包括严重的胃肠道损伤，呕吐，腹泻，频繁出现肌肉痉挛，心脏功能异常，休克。水砷浓度还与皮肤癌和黑脚病呈正相关，还有众多证据证明砷对人是致癌的。

由砷引起的急性中毒多数病例是由于自杀、他杀、误服或短期大量吸入砷化物引起。经口摄入而致急性砷中毒的病人往往出现全身不适、疲乏、无力、头痛、头昏等前期症状，接着表现出肠胃炎症状：恶心、呕吐、腹胀、咽部及胃有烧灼感，大量呕吐米汤样物，中毒的水样腹泻，其后可发展到血性腹沟。重者因高度脱水，引起休克、少尿、蛋白尿以至昏睡、痉挛[25]。砷中毒的急性期很少有特异症状，所以很容易误诊。度过急性期，可出现多发性神经炎、脊髓炎及再生不良性贫血等后遗症。由饮水所致的急性砷中毒大多是在饮用较小量砷的慢性中毒基础上，在一定条件下进食砷量突然增加，导致急性中毒发作，发病时间往往与饮水中砷的浓度有关[26]。

每天吸收少量砷或急性砷中毒后未经彻底治疗，均造成慢性砷中毒。其症状主要为食欲不振、稀便、尿频、四肢无力、麻木、痛觉过敏、视神经及肌肉萎缩、皮肤丘疹、脱发脱屑，最后因肝肾高度营养不良，心肌麻痹而死亡。

在英国曾发生因饮用含砷量达 2～4 mg/L 的啤酒而发生 6 000 人中毒，其中 70 人死亡。还曾发生因食用被砷污染的酱油而引起 400 人中毒的事故[5]。

中国新疆奎屯地区的调查有如下主要发现：当饮用水中含砷量大于 0.1 mg/L 时，开始出现砷中毒患者，但需要相当长的时间，并且为轻型；当水砷含量为 0.6 mg/L 或以上时，出现患者的最短潜伏期仅为半年，饮用 10 年及 10 年以上的居民患病率为 47.2%，而且出现 5 例皮肤癌患者[22]。

在墨西哥进行一项调查，有两个农村供水中砷含量不同，暴露组为 0.41 mg/L，对照组 0.005 mg/L。暴露组的非特异症状（例如恶心、腹痛、腹泻）明显高于对照组，相对危险度为 1.9～4.8。皮肤损伤的相对危险度为 3.6～36，皮肤癌患病率为 6.4%[5]。

此外，砷可透过人体胎盘，研究发现在妊娠期暴露于砷的冶炼厂工人的新生儿体重低，流产发生率和出生缺陷发生率均增高。暴露于砷的工人以及用砷剂进行治疗的病人染色体畸变率增高[5，25，27]。

2.3.2 砷的代谢

在正常情况下，人每天从食物、水、空气中摄入砷的总量不超过 1 mg，平均约为 0.2 mg，可通过粪便、尿、汗腺中排出，因此，不会引起中毒。但当机体的摄入量超过排出量时，就可能引起不同程度的危害。

砷可从消化道和呼吸道进入体内，所以水和大气的砷污染，都会直接危及人畜健康。无论是三价砷还是五价砷，均可被胃肠道和肺脏所吸收，并散布于身体组织和体液中。砷还可经皮肤吸收，对于儿童是致命的。

砷进入人和动物体后，蓄积于肝、肾、脾、皮肤、指甲及毛发等处。在指甲和毛发内蓄积的时间最长，量也最大，可超过肝脏蓄积量的 50 倍。体内砷主要经肾脏和肠道排出，小部分经胆汁、汗腺、乳汁排出。砷排出比较缓慢，故可较长期蓄积在体内。正常人尿液、毛发、指甲和血液中的含砷量，随地区而不同，且受各种因素（个体之间、饮食，测定分析方法等）影响[7，28，29]。

2.3.3 砷中毒防治

预防砷中毒主要从砷摄入途径着手，通过加强卫生监督，做好环境中水、大气中砷含量的定期检测，不食用高含砷食物并严格按要求服用含砷药物来防治摄入过量砷。对于从事涉砷工作岗位时，要做好个人防护，定期检查。如果发生砷中毒则应尽快就医。砷的特效的解毒剂有二巯基丙醇、二巯基丙酸钠等。此类药物的巯基与砷有很强的结合力，能夺取与组织中酶系结合的砷，形成无毒物质而从尿中排出[5，24，30]。

2.4 砷在饮用水中限值

虽然无机砷对动物的致癌性仅有少量证据，但是有充分证据显示无机砷化合物对人体具有致癌性。国际肿瘤研究机构（IARC）将无机砷划入第一组，即对人有致癌性[23]。

目前有关癌症与饮用水中砷浓度之间联系的数据有限。美国EPA 根据在中国（台湾省）观察到皮肤癌发病率的增加，运用二次多级剂量反应模式，评估人体皮肤癌风险与摄入含砷饮用水之间的剂量关系，运用这种模式和数据推导出与男性皮肤癌终生过量致癌风险增加 10^{-4}、10^{-5} 和 10^{-6} 相关饮用水砷浓度分别为 1.7 μg/L，0.17 μg/L 和 0.017 μg/L。然而需要注意到，这些值可能对皮肤癌的实际风险估计过高，因为没有考虑到同时水中其他物质的摄入和代谢过程中剂量依赖的多样性[5]。

根据 1983 年世界卫生组织食品添加剂专家委员会（AFO/WHO）设立的无机砷临时最大耐受摄入量 2 μg/kg，以及 1988 年确定的临时每周耐受摄入量 15 μg/kg，可推导出饮用水中水质标准为 13 μg/L（假设饮用水占摄入量的 20%）。为了能够有效控制身体中砷对人体的伤害，世界卫生组织编写的《饮用水水质准则》第 2 版（1993）建议砷的限值浓度为 0.01 mg/L，接触这个浓度的超量终生皮肤癌风险为 6×10^{-4} [31]。因此，我国新修订的《生活饮用水卫生标准》（GB 5749—2006）也把砷的标准提高，砷含量限值从原有 0.05 mg/L（GB 5749—1985）改为 0.01 mg/L[7]。

表 2-1 列出了我国各类水质标准以及部分组织和国家的饮用水卫生标准中砷的限值[29]。

表 2-1　各类水质标准中砷含量限值[32]

水质标准名称	项目限值/（mg/L）
《生活饮用水卫生标准》（GB 5749—2006）	0.01
《生活饮用水卫生规范》（2001）	0.01
《城市供水水质标准》（CJ/T 206—2005）	0.01
《地表水环境质量标准》（GB 3838—2002）	0.05（Ⅲ类）*
世界卫生组织（WHO）饮用水水质标准第三版（2004）	0.01
美国饮用水水质标准（EPA-822-R-04-005）	0.01
欧盟饮用水水质指令（98/83/EC）	0.01
日本生活饮用水水质标准（2003）	0.01

注：*我国《地表水环境质量标准》对砷的限值是：Ⅰ类水 0.05 mg/L，Ⅱ类水 0.05 mg/L，Ⅲ类水 0.05 mg/L，Ⅳ类水 0.1 mg/L，Ⅴ类水 0.1 mg/L。

2.5 砷的检测及形态分析

目前用于实验室水质，食品，生物材料（尿、头发等）中的砷测定方法有氢化物原子荧光法、银盐法、砷斑法、硼氢化物还原比色法等[1]。对于饮用水中含砷总量可依据《生活饮用水卫生标准检验方法·金属指标》（GB/T 5750.6—2006）中砷浓度检测方法进行检测。对于地表水体中砷含量的检测方法，可依据《地表水环境质量标准》（GB 3838—2002）中对砷的检测方法的要求，即也采用氢化物原子荧光法和二乙基二硫代氨基甲酸银分光光度法，具体检测方法如附录Ⅲ所示[33，34]。

但是，在环境中砷有多种存在形态，如三价砷、五价砷以及有机胂。不同形态的砷在生物毒性、去除特性等方面存在显著差异。因此，在考虑砷的治理技术过程中需要研究水中砷的存在形态和比例。目前，在水质标准中仅对总砷提出了浓度限值，并提供了总砷的检测标准方法。因此需要进一步分析环境中不同形态砷的检测技术。

由于环境中砷的浓度很低，一般在 μg/L 水平，且由于砷的毒性较高，相关水质标准中限值也为 μg/L 水平。因此，要区分出它们的不同形态，需要灵敏度高、检出限低的检测方法。从 20 世纪 80 年代以来，已报道了多种砷的形态分析方法，常用的有用溶剂萃取、选择性还原法和离子交换树脂等分离方法。近年来，随着色谱与元素检测器联用技术的重大突破，砷的形态分析取得很大进展，常用方法有原子荧光光谱（AFS）、原子吸收光谱（AAS）、气相色谱法（GC）、液相色谱（LC）、电感耦合等离子体—原子发射光谱（ICP-AES）等[35，36]。

2.5.1 原子荧光法

将氢化物发生法（HG）与原子荧光光谱（AFS）联用，用 $NaBH_4$ 还原各种形态砷化合物可用于不同形态砷的检测。例如通过硫脲–抗坏血酸选择性还原，利用 HG-AFS 检测，可以分析环境中三价砷、五价砷的浓度[37-44]。

2.5.2 气相色谱法

气相色谱（GC）用于分离挥发性物质，或将不具挥发性、沸点较高形态衍生为挥发性物质再用气相色谱分离，因而在很多情况下，需将金属化合物衍生为挥发性的化合物之后才能进行测定，衍生化技术的发展是气相色谱法得到进一步应用的关键。要使砷形态适于气相色谱分离，首先要将它们转化为气态或可挥发的液态衍生物。这些衍生物要具备良好的挥发性，良好的化学稳定性及热稳定性等优点，而且衍生反应能适用于多种砷形态。常用于砷形态分析的衍生方法有：氢化物法、二硫代氨基甲酸衍生法、三甲基硅烷衍生法、DMA 的碘代二甲基砷氢化物法、巯基乙酸甲酯衍生法等。

气相色谱用于砷的形态分析的最大局限是没有一个好的衍生方法使几种砷形态同时被衍生成低沸点化合物。上述几种衍生方法只对少数几种砷形态适用，使得该方法在砷形态分析上局限很大。同时采用气相色谱分析，必须先进行衍生反应，容易造成测定器皿的沾污。

尽管气相色谱具有这些不利因素，但由于它本身固有的分离效率高、容易与检测器如原子吸收、原子发射及质谱相联机的优势，如果能够找到适当的衍生方法，气相色谱在形态分析中仍然非常有效。

2.5.3 高效液相色谱法

高效液相色谱（HPLC）是在室温下进行，一般的环境样品都以液态形式存在，用液相色谱联合元素特征检测砷的形态，可不需要衍生而直接在室温下分离。这样不仅节约分析时间，还减少衍生过程带来的沾污及各种形态的重排和它们之间的相互转化，使得分析数据更可靠。液相色谱的分离能力取决于样品对固定相的化学、物理亲和力，各砷化物的性质影响着色谱条件的选择，如柱类型、流动相组成、pH 以及分离模式等，其中各砷化物的离解常数（*pKa*）最为重要。因此在使用液相色谱法时，离子交换色谱和离子对色谱是最常用的分离模式，而为了提高灵敏度，HPLC 常与原子吸收光谱法（AAS）、原子发射光谱（AES）、电感耦合等离子体—质谱（ICP-MS）等联用。

总之，目前关于砷的形态分析研究较多，主要从样品处理、形态分离和仪器联用角度加强痕量不同形态砷的分析。对于简单砷的分析方法，目前较为常用的是氢化物原子荧光光谱法。利用氢化物原子荧光光谱法测定砷含量的基本原理，可通过对样品的不同处理，分别测定样品中三价砷、五价砷以及有机胂的含量。

第三章 除砷的水处理技术的基本原理

在工业生产过程会大量产生含砷废水、废渣。此外，含砷农药也被广泛应用于农业生产过程中。由于砷化物具有较大毒性，因此，各类含砷废水若未加处理，任其排入环境，则可能造成严重的环境污染。水体砷污染风险和危害已引起全世界环境科学工作者的关注。此外，由于含砷矿物的广泛存在，在和地下水接触过程中，会发生复杂的化学平衡。造成某些地区地下水砷超过生活饮用水卫生标准，会对当地居民健康造成直接危害。因此，研究砷污染控制和处理技术，对含砷废水处理及存在砷超标问题的饮用水净化有着显著现实意义。

含砷废水主要源于含砷矿石的开采，有色金属的冶炼以及硫酸、农药、玻璃、皮毛等行业的生产过程。例如在某些金属矿石开发过程中，排放的废水中砷含量可达数十毫克每升，在一些矿坑水中砷浓度可高达数百毫克每升。

废水中的砷其离子形态主要取决于 pH，As_2O_3 溶于水后生成亚砷酸，根据亚砷酸的电离常数可得亚砷酸主要离解反应如式（3-1）所示。

$$\begin{aligned}
&As_2O_3+3H_2O \rightleftharpoons 2H_3AsO_3 \\
&H_3AsO_3 \rightleftharpoons H^++H_2AsO_3^- \qquad K_1=4\times10^{-10} \\
&H_2AsO_3^- \rightleftharpoons H^++HAsO_3^{2-} \qquad K_2=7\times10^{-13} \\
&HAsO_3^{2-} \rightleftharpoons H^++AsO_3^{3-} \qquad K_3=4\times10^{-14}
\end{aligned} \tag{3-1}$$

As_2O_5 溶于水后生成砷酸，根据砷酸的电离常数可得砷酸主要离解反应如式（3-2）所示。

$$As_2O_5+3H_2O \rightleftharpoons 2H_3AsO_4$$
$$H_3AsO_4 \rightleftharpoons H^+ + H_2AsO_4^- \quad K_1=6\times10^{-3}$$
$$H_2AsO_4^- \rightleftharpoons H^+ + HAsO_4^{2-} \quad K_2=2\times10^{-7} \qquad (3\text{-}2)$$
$$HAsO_4^- \rightleftharpoons H^+ + AsO_4^{3-} \quad K_3=3\times10^{-13}$$

根据不同 pH 条件下各三价砷组分的比例（图 1-1）和各五价砷组分的比例（图 1-2），在酸性废水中，三价砷主要以亚砷酸 H_3AsO_3 形式存在，五价砷以砷酸 H_3AsO_4 的形式存在。在中性水中，三价砷主要以 H_3AsO_3 形式存在，五价砷主要以砷酸氢根 $HAsO_4^{2-}$ 和砷酸二氢根 $H_2AsO_4^-$ 的形式存在。在碱性废水中，三价砷主要以亚砷酸二氢根 $H_2AsO_3^-$、亚砷酸氢根 $HAsO_3^{2-}$ 和亚砷酸根 AsO_3^{3-} 的形式存在，五价砷主要以砷酸根 AsO_4^{3-} 的形式存在。

常用的除砷技术主要包括：投加石灰的化学沉淀法、投加铁盐混凝剂的混凝沉淀法和采用除砷吸附材料过滤的化学吸附法以及离子交换法。其他处理技术有电凝聚法、膜处理法、萃取法等，但应用较少，仅用于特定条件下的处理[45]。

石灰沉淀法通过投加石灰，水中五价砷的砷酸根离子可以与钙离子生成砷酸钙沉淀物，再通过沉淀、过滤等分离手段去除。这种方法简单、易于实施，是目前工业含砷废水主要处理工艺方法。该方法的缺点是产生大量含砷废渣，这些废渣处理不当可能造成二次污染。

铁盐混凝沉淀法主要利用铁盐在混凝过程中形成大量氢氧化铁矾花，五价砷的砷酸根可以被金属氢氧化物的矾花所吸附，去除效果很好，可以用于地表水源的饮用水处理和含砷工业废水的达标排放处理，也可用于被污染水体的应急处理。

吸附法采用对砷有选择吸附功能的吸附剂作为吸附材料，用于低浓度含砷水的除砷处理，如含砷地下水的饮用水处理，也可用于构建砷污染水体应急处理的除砷吸附坝。

离子交换法采用阴离子交换树脂，主要用于需要对水中多种阴离子进行综合去除的场合，在水的除砷处理中应用较少。

3.1 化学沉淀法除砷技术

砷酸根能与多种金属离子形成难溶化合物，例如 AsO_4^{3-} 可与 Ca^{2+}、Fe^{3+}、Al^{3+} 等离子形成难溶盐。这些难溶盐可通过沉淀、过滤过程去除。化学沉淀法除砷工艺中沉淀剂中的种类很多，最常用的是钙盐，即石灰沉淀法[46]。

由于亚砷酸盐的溶解度一般高于砷酸盐溶解度，沉淀除砷效果较差，因此在许多除砷处理中都需要预先将三价砷氧化为五价砷。

3.1.1 化学沉淀法基本原理

3.1.1.1 溶解平衡

化学沉淀法除砷的基本原理是沉淀物的溶解平衡。根据溶解平衡，可通过改变溶液中某种离子的浓度大小，使其达到溶解平衡。如果继续投加该种离子，即可使另一种离子以沉淀物形式去除。

溶度积是用来描述一种沉淀物溶解平衡的平衡常数。对于沉淀 A_zB_y 的溶解平衡，如式（3-3）所示：

$$A_zB_y(\mathrm{s}) \rightleftharpoons zA^{y+} + yB^{z-} \quad (3\text{-}3)$$

溶度积 K_{sp} 如式 3-4 所示：

$$K_{sp}=[A^{y+}]^z[B^{z-}]^y \quad (3\text{-}4)$$

由于一般情况下，化学沉淀处理都是针对低浓度条件下的难溶化合物，上式中假设溶液中各组分的活度系数均为 1，各组分直接用摩尔浓度计算（用[ ]表示）。

利用溶度积计算式可以对溶液是否产生沉淀进行判断：当 $[A^{y+}]^z[B^{z-}]^y < K_{sp}$ 时，不会产生沉淀；当 $[A^{y+}]^z[B^{z-}]^y = K_{sp}$ 时，溶液处于平衡状态；当 $[A^{y+}]^z[B^{z-}]^y > K_{sp}$ 时，将产生沉淀，沉淀后溶液中的 $[A^{y+}]^z[B^{z-}]^y$ 将恢复到 K_{sp}。

在文献中，常遇到物质的溶解度的数据。溶解度是某种化合物在溶液中能够溶解的量，是一个固定值。而根据溶度积原理，水中难溶化合物中的某种离子（例如 $BaSO_4$ 中 Ba^{2+}）的浓度，可以通过投加与之可以形成难溶沉淀物的另一种离子（如 SO_4^{2-} ）来沉淀去除，不是固定值。

3.1.1.2 化学沉淀

使用化学沉淀法除砷时，利用投加一种金属离子使其与砷酸根结合形成难溶性盐，从水中沉淀分离出来。

砷酸盐溶解沉淀反应如式（3-5）所示：

$$M_3(AsO_4)_y(s) \rightleftharpoons 3M^{y+} + yAsO_4^{3-} \qquad (3\text{-}5)$$

其中，M^{y+}代表金属阳离子；砷酸盐的溶度积常数为：

$$K_{sp} = [M^{y+}]^3[AsO_4^{3-}]^y$$

由上式可知：只要溶液中存在其他金属离子，并且其与砷酸根的离子积大于溶度积，则水中的砷可生成砷酸盐沉淀进而分离去除。因此，根据溶度积原理，结合砷酸的电解平衡，可以计算达到排放标准时所需投加的金属离子浓度。根据所需投加金属离子浓度，综合分析水中酸碱度的影响，即可分析化学沉淀法除砷工艺的可行性[47]。

砷能够与水中多种金属离子形成难溶盐，这些难溶盐的溶度积参见表 1-2。

能否形成砷酸盐沉淀，不仅决定于水中总砷浓度和金属离子浓度，而且还受到水中 pH 等因素的影响。这是因为一方面多数金属离子能形成难溶性氢氧化物，在水中优先生成氢氧化物沉淀，不与砷酸根反应；另一方面水的 pH 直接影响水中各种五价砷的分布，在溶度积平衡计算式中只以砷酸根的浓度进行计算，因此水的 pH 直接影响到沉淀反应。

根据式（3-2），As_2O_5 的电离反应式，可以推导溶液中砷酸根、砷酸氢根、砷酸二氢根、砷酸浓度和总砷浓度之间的关系，分别如式（3-6）、式（3-7）、式（3-8）、式（3-9）所示。

$$AsO_4{}^{3-} = C_{T,AsO_4}\left(\frac{K_{A,1}K_{A,2}K_{A,3}}{K_{A,1}K_{A,2}K_{A,3}+K_{A,1}K_{A,2}[H^+]+K_{A,1}[H^+]^2+[H^+]^3}\right) \tag{3-6}$$

$$HAsO_4{}^{2-} = C_{T,AsO_4}\left(\frac{K_{A,1}K_{A,2}[H^+]}{K_{A,1}K_{A,2}K_{A,3}+K_{A,1}K_{A,2}[H^+]+K_{A,1}[H^+]^2+[H^+]^3}\right) \tag{3-7}$$

$$H_2AsO_4{}^{-} = C_{T,AsO_4}\left(\frac{K_{A,1}[H^+]^2}{K_{A,1}K_{A,2}K_{A,3}+K_{A,1}K_{A,2}[H^+]+K_{A,1}[H^+]^2+[H^+]^3}\right) \tag{3-8}$$

$$H_3AsO_4 = C_{T,AsO_4}\left(\frac{[H^+]^3}{K_{A,1}K_{A,2}K_{A,3}+K_{A,1}K_{A,2}[H^+]+K_{A,1}[H^+]^2+[H^+]^3}\right) \tag{3-9}$$

式中：$C_{T,AsO_4{}^{3-}}$ ——总砷酸的摩尔浓度。

利用式（3-6）、式（3-7）、式（3-8）、式（3-9），可以计算在不同 pH 条件下，砷酸根、砷酸氢根、砷酸二氢根和砷酸在总五价砷中的比例。所得结果如表 3-1 所示。

表 3-1 在不同 pH 条件下各种五价砷在总五价砷中的比例（理论计算值）

pH	AsO_4^{3-}	$HAsO_4^{2-}$	$H_2AsO_4^-$	H_3AsO_4
7.0	2.86×10^{-5}	66.67%	33.33%	5.56×10^{-6}
8.0	2.86×10^{-5}	95.24%	4.76%	7.94×10^{-8}
9.0	0.03%	99.47%	0.50%	8.29×10^{-10}
10.0	0.30%	99.65%	0.05%	8.30×10^{-12}
11.0	2.91%	97.08%	4.85×10^{-5}	8.09×10^{-14}
12.0	23.08%	76.92%	3.85×10^{-6}	6.41×10^{-5}
13.0	75.00%	25.00%	1.25×10^{-7}	2.08×10^{-18}

结合不同 pH 条件下各五价砷组分比例（图 1-2），由表 3-1 可知在不同 pH 条件下，$AsO_4{}^{3-}$ 所占比例不同。在 pH=7 的中性条件下，仅为 2.86×10^{-6}；在 pH=13 的碱性条件下，$AsO_4{}^{3-}$ 占水总五价砷的比例为 75%。

目前我国硫酸厂等工业废水排放执行《污水综合排放标准》（GB 8978—1996），其中对砷的浓度限值为 0.5 mg/L。因此以《污水综合排放标准》（GB 8978—1996）对砷的浓度限值 0.5 mg/L 为例，分别计算在不同 pH 条件下，石灰沉淀法除砷为达到排放标准，水中需要维持的钙离子摩尔浓度。

假设含砷工业废水中砷经处理后主要以五价砷形式存在，即总砷浓度等于五价砷浓度，则可以计算最终排放废水中总五价砷的浓度如式（3-10）所示。

$$C_{\mathrm{T,AsO_4{}^{3-}}}=\frac{0.5\ \mathrm{mg/L}}{75\ \mathrm{g/mol}}=6.67\times10^{-6}\ \mathrm{mol/L} \tag{3-10}$$

通过查找化学手册，可知砷酸钙沉淀的溶度积为：

$$K_{\mathrm{sp}}=[\mathrm{Ca^{2+}}]^3[\mathrm{AsO_4^{3-}}]^2=6.8\times10^{-19} \tag{3-11}$$

根据溶度积，可以计算不同砷酸根浓度条件下，所需钙离子的浓度如式（3-12）所示：

$$[\mathrm{Ca^{2+}}]=\sqrt[3]{K_{\mathrm{sp}}\Big/[\mathrm{AsO_4^{3-}}]^2}=\sqrt[3]{6.8\times10^{-19}\Big/[\mathrm{AsO_4^{3-}}]^2} \tag{3-12}$$

由表 3-1 可知在不同 pH 条件下各种五价砷组分在总五价砷中的分布比例，由式（3-10）所得水中总五价砷浓度，由式（3-12）可计算不同砷酸根浓度对应的钙离子浓度。因此，可以得到在不同 pH 条件下采用石灰沉淀法所需钙离子浓度如表 3-2 所示。

由表 3-2 可知，在 pH=7.0 时，为满足出水达标要求排水中钙离子为 15.634 mol/L；但当调节 pH 至 13 时，这个浓度仅需 0.003 mol/L。因此在采用石灰沉淀法除砷，为取得较好的除砷效果，需通过投加石灰乳，保持水中为碱性条件，处理后再通过加酸调为中性。

表 3-2 不同 pH 条件下石灰沉淀法除砷达标排放所需钙离子摩尔浓度（理论计算值）

离子浓度	pH						
	7.0	8.0	9.0	10.0	11.0	12.0	13.0
对应于排放标准的砷酸根浓度/（mol/L）	1.33×10^{-11}	1.91×10^{-10}	1.99×10^{-9}	1.99×10^{-8}	1.94×10^{-7}	1.54×10^{-6}	5.00×10^{-6}
需要维持的钙离子浓度/（mol/L）	15.634	2.655	0.556	0.120	0.026	0.007	0.003

在使用石灰沉淀法时，投加的石灰还可能和废水中 CO_3^{2-}、SO_4^{2-} 等反应生成碳酸钙、硫酸钙等沉淀。因此采用石灰沉淀法除砷所需要投加的石灰往往高于理论计算值。此外，采用石灰沉淀法除砷，生成的砷酸钙沉淀往往是细小颗粒，因此需要投加铁盐混凝剂或高分子助凝剂以提高除砷效果。

3.1.2 化学沉淀法除砷影响因素

3.1.2.1 砷价态的影响

砷的价态直接影响砷在水中的存在形式和砷化物的溶解度，因此砷的价态能直接影响砷的化学沉淀去除效果。

一般而言亚砷酸盐的溶度积较砷酸盐溶度积大。通过投加金属离子以沉淀形式去除亚砷酸根，相比于对砷酸根往往需要更高的金属离子浓度。另外根据砷酸和亚砷酸的水解常数可知：在正常水 pH 条件下，亚砷酸主要以亚砷酸分子形式存在，这也影响化学沉淀法对亚砷酸的去除。

因此，在一般条件下，采用化学沉淀法处理含有三价砷的废水时，都需要通过预氧化将其转化为五价砷，以实现在相同条件下提高除砷效率。另外，有研究表明三价砷的毒性高出五价砷 60 倍[5]。因此通过氧化处理将三价砷转化为五价砷，不仅有利于对砷的去除，而且也有利于降低砷污染的毒性和产生的危害。

3.1.2.2 pH 的影响

水的 pH 能直接决定砷酸根在水中的存在比例，同时 pH 也能够直接影响金属离子能否形成氢氧化物。因此水的 pH 对于砷的去除具有重要影响。以 pH 对砷酸钙沉淀影响为例，在相同钙砷比条件下，初始 pH 越高则砷的去除率也越高。

3.1.3 化学沉淀法除砷基本工艺

化学沉淀法除砷基本过程是利用废水中的砷酸根离子同金属离子形成稳定沉淀法并通过分离手段去除。由于石灰法价格低廉、处理工艺简单且使用的钙离子较其他金属离子而言更为安全。因此，石灰法除砷是最常见的砷的化学沉淀处理法，是含砷废水化学沉淀法应用的典型处理工艺。

含砷废水石灰沉淀法的基本工艺流程如图 3-1 所示。处理流程中，部分沉渣回流到前面，以便为沉淀物的形成提供晶核，提高沉淀效率。

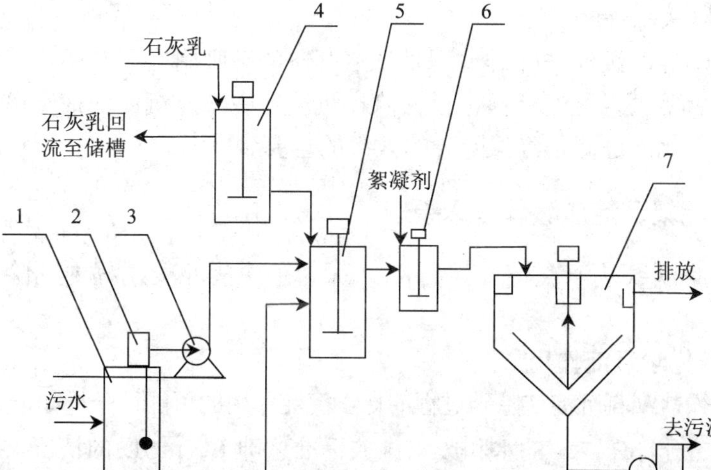

图 3-1　石灰沉淀法除砷的基本工艺流程

1．集水井；2．引水罐；3、8．污水泵；4．石灰乳槽；5．中和槽；6．絮凝剂槽；7．沉降槽

使用化学沉淀法除砷即通过投加石灰乳，利用砷酸根和钙离子形成砷酸钙达到去除目的。但需要特别注意对废渣的后续处理，否则可能会造成二次污染。

3.2 混凝沉淀法除砷技术

混凝沉淀法是处理饮用水含砷问题最常用的一种方法，具有很好的效果。常用的混凝剂主要是铁盐混凝剂，铁盐混凝除砷的效果比铝盐更好，因此对于存在水源含砷问题的水厂，建议使用铁盐混凝剂[45]。

在混凝沉淀过程中，砷去除的主要途径是通过混凝剂产生的金属氢氧化物（矾花）表面对溶解态砷的静电结合作用。有文献资料提出在混凝除砷机理中还包括了生成砷酸铁的化学沉淀作用，但是根据下面的分析，后者在混凝沉淀除砷的过程中，所起的作用不大，不是主要去除途径。

由于混凝沉淀法除砷过程是把溶解态的砷吸附在矾花中，一般在沉淀后要进行过滤处理，以去除在沉淀池中未能沉淀的细小矾花颗粒。因此，过滤是确保除砷的效果的重要步骤[48]。

3.2.1 混凝沉淀法除砷基本原理

下面以铁盐混凝沉淀法为例，研究在铁盐混凝过程中的除砷机理。

3.2.1.1 化学沉淀作用

对铁盐混凝沉淀法除砷过程的化学沉淀作用的可能性分析如下。

对应于 pH=7.5 的水和废水排放标准总砷 0.5 mg/L 的情况，在此条件下，相应的 AsO_4^{3-} 的浓度 $\leqslant 5.54\times10^{-10}$ mol/L 。当废水恰好达到排放标准时，根据砷酸铁的溶度积，可以计算得到对应的三价铁离子浓度，如式（3-13）所示：

$$K_{sp}=[Fe^{3+}][AsO_4^{3-}]=5.7\times10^{-21}$$

$$\Rightarrow [Fe^{3+}]=K_{sp}/[AsO_4^{3-}]=5.7\times10^{-21}/5.54\times10^{-10}=1.03\times10^{-11}\ \text{mol/L} \quad (3\text{-}13)$$

即根据砷酸铁化学沉淀平衡，要通过生成砷酸铁使出水砷达标，水中的溶解三价铁的浓度至少为1.03×10^{-11} mol/L。

另外，根据氢氧化铁的溶度积，可以计算得到在 pH=7.5 时水中铁的最高浓度如式（3-14）所示：

$$K_{sp}=[Fe^{3+}][OH^-]^3=2.79\times10^{-39}$$

$$\Rightarrow [Fe^{3+}]=K_{sp}/[OH^-]^3=2.79\times10^{-39}/3.16\times10^{-20}=8.83\times10^{-20}\ \text{mol/L} \quad (3\text{-}14)$$

即在 pH=7.5 的水中，三价铁的溶解浓度（8.83×10^{-20} mol/L）达不到可以产生砷酸铁沉淀所需的浓度（1.03×10^{-11} mol/L），因此在 pH=7.5 时，投加铁盐混凝剂，在达标排放水中不会产生砷酸铁沉淀。

3.2.1.2 化学吸附作用

由各类试验结果证实铁盐的混凝沉淀作用具有很好的除砷效果[49]，铁盐混凝沉淀法除砷的主要途径应是通过混凝过程中生成矾花的化学吸附作用。由前面的分析，在水中投加铁盐并不能够生成砷酸铁沉淀。

在一般 pH 条件下，投加水中的铁盐在混凝过程中，三价铁离子通过水解聚合可形成多种成分的配合物或聚合物，如单核组分的 $Fe(OH)_2^+$、$Fe(OH)^{2+}$ 及多核组分 $Fe_2(OH)_2^{4+}$、$Fe_3(OH)_4^{5+}$ 等[50]。由于在一般 pH 条件下，五价砷在水中以阴离子砷酸氢根和砷酸二氢根形态存在，所以砷在混凝过程中可通过静电作用被氢氧化铁矾花絮体所吸附去除。

另外有研究结果显示，胶体表面的氢氧根即 Fe—OH 基团在胶体吸附砷过程中具有重要作用。Fe—OH 可与 As 作用，生成 Fe—O—As 实现对砷的去除[51，52]。

3.2.2 混凝沉淀法除砷影响因素

能够影响混凝效果和砷在水中形态因素的条件都会对混凝沉淀法除砷的效果产生影响。

3.2.2.1 砷价态的影响

铁盐混凝沉淀法除砷主要利用混凝过程中形成的矾花对砷的吸附作用，实现除砷。铁盐混凝过程中形成的矾花对不同形态的砷都具有一定的去除作用，但对五价砷的去除效率要明显高于三价砷的吸附去除效率。主要原因可能是因为在一般 pH 条件下，水中三价砷主要以亚砷酸形式存在不带电荷，因此铁盐混凝过程中形成的带正电荷的矾花无法实现对其通过静电吸附过程去除。

因此，在一般条件下，采用混凝沉淀法处理含有三价砷的废水时，都需要通过预氧化将其转化为五价砷，以实现在相同条件下提高除砷效率。

3.2.2.2 pH 的影响

水中的 pH 既能够影响 As 在水中的存在形态，又能够影响混凝剂在水中的混凝效果，因此 pH 对混凝沉淀法除砷较为重要。但由于采用铁盐混凝剂，对 pH 的适用条件较宽，一般水 pH 范围内都不会影响混凝效果，因此 pH 对混凝的影响可以忽略[50]。但是在不同 pH 条件下水中电离程度不同，会直接影响砷的混凝沉淀去除效果。有研究显示，在一定 pH 范围内，随着 pH 的增大，混凝沉淀法除砷效果会提高。

此外，水温、水中悬浮物浓度等都会影响混凝效果，进而可能影响到混凝沉淀法除砷效果[50]。因此，在低温、低浊等会对混凝处理不利的条件进行除砷处理都有负面影响，需要采用强化混凝的措施（如增加混凝剂投加量、投加助凝剂等）来提高处理效果。

3.2.3 混凝沉淀法除砷基本工艺

铁盐混凝除砷技术主要用于饮用水的除砷净化处理，其工艺包括：先采用预氧化将水中可能存在的三价砷转化为五价砷，再通过混凝把水中的五价砷吸附在矾花上，在后续的沉淀、过滤的分离过程中去除。主要工艺流程如图 3-2 所示：

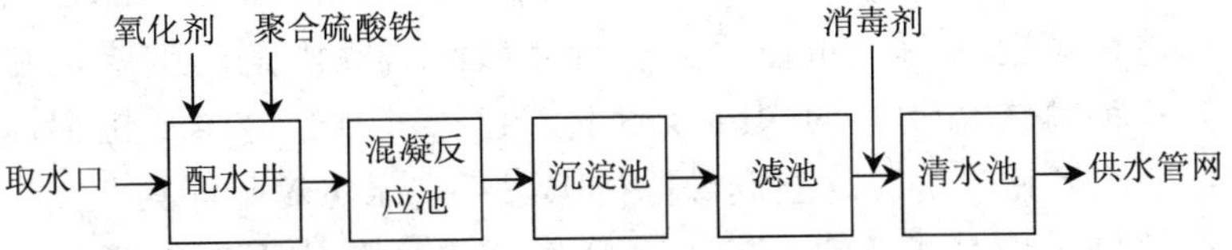

图 3-2 混凝除砷净水工艺

这个工艺也可用于受到砷污染水体的应急处理中。在应用时需要选择适宜的河段，如河闸段，在河道中进行混凝沉淀除砷处理。沉淀污泥中会富含有大量的砷，必须在水体应急处理后对污染底泥进行妥善处置。

3.3 化学吸附法除砷技术

化学吸附法是一种采用特定除砷材料的除砷处理法，一般适合于低浓含砷水。目前已被广泛应用于含砷地下水的除砷工艺。该方法是以具有高比表面积的不溶性固体材料作吸附剂，通过化学吸附或离子交换等作用机制将水中的砷化物固定在固体材料表面，从而实现除砷目的[49，53]。

3.3.1 化学吸附法基本原理

化学吸附法种类较多，且不同类型的方法具有不同的原理和应用范围。在水处理除砷过程中应用到的化学吸附法主要有除砷吸附剂吸附法和离子交换法。

3.3.1.1 吸附剂除砷

除砷吸附剂主要是依靠吸附剂表面的化学成分的特性，通过化学键作用实现对砷去除。常用的除砷吸附材料主要包括天然矿物、活性氧化铝、铁的氧化物及羟基氧化物、铁氧化物负载材料、零价铁、钛氧化物及负载材料、稀土氧化物及活性炭等[54，55]。吸附法因其操作简单、可再生等特点，具有宽阔的应用前景[48]。

目前实际应用的吸附除砷工艺主要有活性氧化铝填料床、铁基吸附材料填料床等。正在研究多种高效除砷吸附剂，主要是利用铁盐和铝盐体系制备的除砷吸附剂，包括：复合金属氧化物、复合金属氢氧化物等。这些高效除砷吸附剂，虽然对砷都具有较好的吸附效果，但是由于受到再生、工艺以及水体中存在的其他离子的竞争吸附影响目前多停留在实验室研究阶段，大规模推广使用的较少[55，56]。

（1）活性氧化铝

活性氧化铝（γ-Al_2O_3）是一种多孔性、高分散度的固体材料，具有表面积大、吸咐性能好、表面酸性、热稳定性好的特点。其主要成分γ-Al_2O_3属于过渡形态氧化铝，有粉状、微球状和柱状灰白色固体多种形式。水处理中典型的活性氧化铝是 28×48 目的非晶体 Al_2O_3 和γ-Al_2O_3的混合物，是由 $Al(OH)_3$ 沉淀物在高温条件下脱水形成的多孔材料，比表面积 50～300 m^2/g[57]。

活性氧化铝除砷工艺对 pH 较为敏感。五价砷的阴离子在 pH 低于 8.2 时较容易被吸附（pH=8.2 是氧化铝典型的零电荷点）。当 pH 低于 8.2 时，活性氧化铝表面带正电荷，有利于除砷过程。但当 pH 高于 8.2 时，活性氧化铝主要是作为阳离子交换剂使用，不能吸附去除以阴离子形式存在的砷，因此对于中性及碱性水，为了提高除砷去除效果，必须调节 pH。由活性氧化铝吸附和再生过程可知配位体交换发生在活性氧化铝的内、外表面。对于工艺设计来说，活性氧化铝的最佳 pH 条件是 pH 在 5.5～6.0，对砷的吸附机理与弱碱性离子交换相似。例如，砷酸二氢根的吸附要求活性氧化铝表面发生质子化，这是通过盐酸或硫酸预酸化将进水的 pH 降至 5.5～6.0 的范围完成的。过量的表面质子所产生的正电荷与用来交换的砷酸二氢根相平衡。再生时用过量的强碱使吸附工艺向相反方向进行，去除已吸附在活性氧化铝上的砷酸根[58]。

采用活性氧化铝进行吸附除砷的工艺过程如下，其中$(Al_2O_3)_n$

代表固体活性氧化铝[48，59]。

1）酸化：用酸对中性的活性氧化铝进行处理，形成质子化的活性氧化铝，反应式如式（3-24）所示。

$$(Al_2O_3)_n{\cdot}H_2O+HCl \rightarrow (Al_2O_3)_n{\cdot}HCl+H_2O \qquad (3\text{-}15)$$

2）吸附过程：当被酸化的活性氧化铝与 $H_2AsO_4^-$ 接触时，$H_2AsO_4^-$ 可强烈地置换 Cl^-，活性氧化铝表面仍保持酸性。$H_2AsO_4^-$ 置换 Cl^- 的机理与离子交换相似，过程如式（3-16）所示：

$$(Al_2O_3)_n{\cdot}HCl+H_2AsO_4^- \rightarrow (Al_2O_3)_n{\cdot}H_3AsO_4+Cl^- \qquad (3\text{-}16)$$

3）再生过程：为了使含 $H_2AsO_4^-$ 吸附剂得到再生，需要使用 NaOH。因为活性氧化铝既是阳离子交换剂也是阴离子交换剂，所以钠离子和氢离子发生交换，氢离子在碱性再生剂溶液中能立即与 OH^- 结合成 H_2O。对 $H_2AsO_4^-$ 失效的活性氧化铝的再生反应如式（3-17）所示。

$$(Al_2O_3)_n{\cdot}H_3AsO_4+2NaOH \rightarrow (Al_2O_3)_n{\cdot}NaOH+NaH_2AsO_4+H_2O \qquad (3\text{-}17)$$

4）再酸化：为了恢复除砷容量，还需要用过量的稀酸对碱性活性氧化铝进行酸化，酸化过程如式（3-18）所示。

$$(Al_2O_3)_n{\cdot}NaOH+2HCl \rightarrow (Al_2O_3)_n{\cdot}HCl+NaCl+H_2O \qquad (3\text{-}18)$$

有研究显示活性氧化铝在砷的平衡浓度为 0.02～0.1 mg/L 时，对砷的吸附容量为 5～15 mg/kg。活性氧化铝对三价砷的吸附效果非常有限，并且 SO_4^{2-} 以及 Cl^- 都会影响活性氧化铝的除砷效果。

活性氧化铝的再生效率一般较差。这是因为为了克服半结晶状活性氧化铝的较差的传质动力，需要过量的酸和碱。活性氧化铝的再生效果很差的另一个原因是活性氧化铝外形为球形，且与过量的酸和碱反应生成溶解状态的氧化铝，造成吸附剂的耗损[59]。

活性氧化铝在使用一段时间后，吸附容量逐渐下降，再生周期缩短，甚至失效。原因是活性氧化铝颗粒表面附着了颗粒污染物，表面孔隙被填充，比表面积下降。解决办法可以是将失活的活性氧化铝浸泡、搓洗、超声以清除颗粒表面的淤泥，恢复表面孔隙。也可以进行热处理，在 500℃灼烧半小时，此时活性氧化铝的吸附性能可以基本恢复[48]。

（2）铁基吸附材料吸附

由于铁基化合物对砷具有良好的吸附去除作用，因此有众多研究者对此开展了大量研究。主要研究利用零价铁、氢氧化铁、铁的氧化物以及符合金属氧化物等对砷的去除作用。

零价铁除砷的机制主要是水中的三价砷被零价铁还原为不溶性的单质砷，同时生成的铁氧化物可通过其吸附作用将水中的砷去除。但目前的研究主要局限于实验室阶段[60]。

目前对氢氧化铁及氢氧化铁胶体的除砷效果已有大量研究。氢氧化铁及其胶体对砷具有很高的结合能力，对砷具有很好的吸附去除效果，并且对 pH 的适应范围较大，可以在中性条件下使用。但是目前此类研究尚多停留于实验室阶段，主要原因是由于氢氧化铁及其胶体对砷的吸附效果好，难以再生[61-64]；吸附材料价格昂贵，限制了其推广使用。此外，氢氧化铁及其胶体只能制成粉状，难以制备成多孔颗粒状，不能用作填料滤床使用[49，65]。

为了充分利用铁及其氧化物对砷的吸附能力，克服成型等制备方面的问题，有很多研究者将铁氧化物负载到其他廉价的载体上，制备负载铁氧化物的吸附剂。常用的载体有石英砂、硅藻土以及离子交换树脂等，实现将铁氧化物的高除砷能力与载体的良好机械强度和化学稳定性结合。

铁基材料在吸附过程中，材料表面的羟基基团是主要结合位点[48，66，67]。在酸性条件下材料表面发生质子化作用，如式（3-19）所示。

$$-MOH+H^+ \rightarrow -MOH_2^+ \qquad (3\text{-}19)$$

此时，砷酸和亚砷酸与材料表面分别发生如式（3-20）和式

（3-21）所示的反应而被吸附。

$$-MOH_2^+ + H_2AsO_4^- \rightarrow -MH_2AsO_4^- + H_2O \quad (3-20)$$

$$-MOH_2^+ + H_3AsO_3 \rightarrow -MH_2AsO_3 + H_2O \quad (3-21)$$

在中性或弱碱性条件下，砷酸和亚砷酸与材料表面分别发生如式（3-22）和式（3-23）的反应而被吸附。

$$-MOH + HAsO_4^{2-} \rightarrow -MHAsO_4^- + OH^- \quad (3-22)$$

$$-MOH + H_2AsO_3^- \rightarrow -MH_2AsO_3^- + OH^- \quad (3-23)$$

水中阴离子浓度会影响吸附效果。其中 Cl^-的影响较小，但 SO_4^{2-}能形成吸附位点，因此在相同平衡浓度下会降低吸附量[48]。

3.3.1.2 离子交换除砷

离子交换法适用于处理量不大、砷浓度较低、组成简单、具有较高回收价值的废水。在含砷地下水的饮用水处理中，也有少量应用。由于需要专用的离子交换柱设备，该方法不适于用作受到砷污染水体的应急处理。

除砷离子交换树脂主要采用强碱性阴离子交换树脂，能够有效地去除水中的五价砷。离子交换法除砷机理是通过离子交换，式（3-24）显示 Cl 型强碱性阴离子交换树脂除砷的基本过程，反应发生在中性 pH 条件下[48，68]。

$$2RCl + 2HAsO_4^{2-} \rightarrow R_2HAsO_4 + 2Cl^- \quad (3-24)$$

除砷离子交换树脂可以用氯化钠溶液进行再生，再生后的树脂进入下一周期运行，见式（3-25）。

$$R_2HAsO_4 + 2NaCl \rightarrow 2RCl + Na_2HAsO_4 \quad (3-25)$$

三价砷在天然水体 pH 条件下主要以 H_3AsO_3 形式存在，不带电荷，无法用离子交换法去除。因此，除非全部是五价砷，否则必须通过预氧化使三价砷变成五价砷，才能够通过离子交换法去除。

由于阴离子交换树脂对水中多种阴离子都有交换吸附能力，如果水中存在其他阴离子，特别是硫酸根离子，将会直接影响到树脂对砷的吸附量和对砷的去除效果。美国环保署建议在对地下水源的饮用水除砷时，对于硫酸根浓度高于 120 mg/L 或者总溶解性固体高于 500 mg/L 的水源水不适宜采用离子交换树脂法除砷[59]。

离子交换树脂的优点是除砷速度快，易再生。缺点是对离子的选择性不高，成本也较高[28，48，68]。

3.3.2 化学吸附法除砷影响因素

对于不同的化学吸附法有不同的影响因素。其中砷的价态、水中 pH 等影响砷在水中存在形式的因素，能够直接影响化学吸附法除砷效果。此外不同于化学沉淀法，化学吸附法除砷过程还存在传质、竞争吸附等因素的影响。因此吸附剂颗粒大小、孔隙以及水中存在阴离子特别是硫酸根离子的种类和数量都会直接影响到化学吸附法除砷的效果。

3.3.2.1 砷价态的影响

有实验表明活性氧化铝吸附剂对三价砷的吸附能力远低于五价砷，而在正常水中 pH 条件下三价砷无法用离子交换法去除。因此为了达到较好的除砷效果，一般在除砷过程中都需要通过预氧化，将三价砷转化为五价砷。有研究显示通过氯化处理作为预氧化可以将吸附柱对砷的性能提高将近 80 倍[59，69]。

3.3.2.2 pH 的影响

pH 对砷吸附的影响主要体现在对吸附剂表面结构和对砷在水中存在形式的影响。活性氧化铝工艺除砷对 pH 较为敏感，砷酸根在 pH 低于 8.2 时较容易被吸附去除。因为当 pH 低于 8.2 时（pH=8.2 是氧化铝典型的零电荷点），活性氧化铝表面带正电荷，有利于除砷过程。但当 pH 高于 8.2 时，活性氧化铝表面带负电，则是作为阳离子交换剂使用，对砷的去除不起作用。另外在中性 pH 条件下，砷酸根主要以砷酸二氢根和砷酸氢根形式存在，有利于被吸附去除。pH 过高或过低都会影响砷在水中的存在形态而影响吸附去除效果。由于活性氧化铝对砷的吸附是一个配位体交换过程，在弱碱性 pH 范围时，因 OH^-竞争，活性氧化铝对砷的吸附较差。随着 pH 的降低，直至 pH 为 5 左右时，活性氧化铝对砷的吸附作用才增强[49]。

在正常水体中性范围内，离子交换法除砷受 pH 影响不大。

3.3.2.3 介质的影响

活性氧化铝颗粒物的尺寸和吸附床的空床接触时间对活性氧化铝除砷效果有重大影响。有研究显示细颗粒（28×48 目）的活性氧化铝比粗颗粒（14×28 目）活性氧化铝具有更高的砷吸附容量，更低的砷的泄漏量和更长的运行周期[59]。

3.3.2.4 竞争吸附的影响

水中硫酸根等阴离子会对砷酸根产生竞争吸附，影响砷的化学吸附去除效果。一般随着水体中硫酸根等阴离子浓度的增加，砷的平衡浓度也要升高。

活性氧化铝吸附除砷研究结果显示在有 SO_4^{2-} 存在时，活性氧化铝对砷的吸附容量有很大下降，但是活性氧化铝对砷吸附容量几乎不受高浓度的 Cl^- 影响。另外，如果水中硬度较高则也会直接影响到对砷的吸附效果。

硫酸根的存在会直接导致离子交换运行周期变短，这是因为一般的离子交换树脂对硫酸根的选择性强于砷酸根，因此硫酸根将被优先去除，从而占据了部分吸附位点，导致离子交换树脂除砷效果较差。因此在选择离子交换来作为除砷工艺时，首先要求原水水质中硫酸根浓度小于一定的限值，目前推荐为 150 mg/L[59]。

3.3.3 化学吸附法除砷基本工艺

化学吸附法除砷过程都要保证吸附床或离子交换床不发生穿透[70]。

吸附床和离子交换床具有相似的运行周期。运行周期主要包括：①耗竭；②反冲洗；③再生；④慢速漂洗；⑤快速漂洗；⑥重新运行（并不是每次耗竭后都需要进行反冲洗）。简单的单柱离子交换床工艺如图 3-3 所示。

图中为部分进水设置了一条旁通管，旁通混合经常应用于饮用水处理中。因为离子交换树脂经常能生产出比规范要求更纯净的出水，因此为了降低成本，部分进水（10%～50%）可以不经过处理，通过旁通管与出水混合，使出水污染物浓度达到标准浓度限值的 70%。当污染物大量泄漏时，为了提高交换柱的利用率，还可以采用多个交换柱串联或并联的方法来充分使用交换柱的去除能力。

离子交换柱或吸附柱可以通过以下方法进行组合：①串联以提高产水的纯度和再生剂的使用率；②并联以提高生产能力，减少峰值，消除出水水质变化。如果设计合理，组合柱系统可以按串联、并联或串联—并联方式运行。

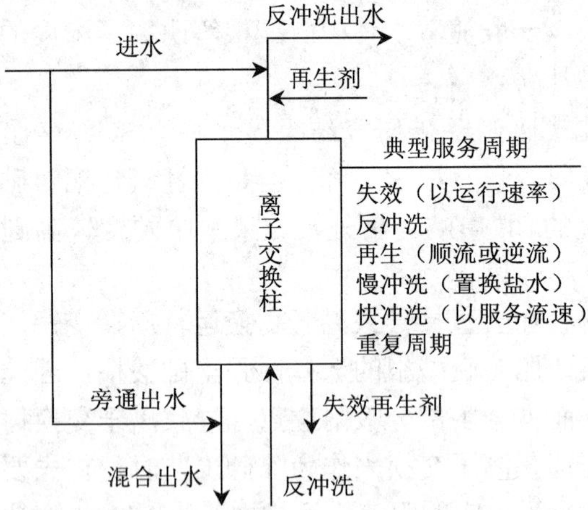

图 3-3 单一柱离子交换工艺的示意图和运行周期

活性氧化铝耗竭再生工艺的设计与离子交换树脂相似，但是存在以下明显不同之处。首先，因为活性氧化铝吸附比离子树脂要慢得多，所以采用活性氧化铝吸附污染物泄漏更严重、吸附区域更长、穿透曲线更平缓。其次，在活性氧化铝吸附中很少出现污染物的峰值污染，因为进水中的这些离子通常是强选择性的。最后，活性氧化铝工艺需要用两步碱—酸再生来冲洗掉过量的碱以使活性氧化铝恢复到有用的形式[59]。

3.3.4 化学吸附法除砷废渣处理

采用化学吸附法除砷主要通过化学吸附手段将砷化物从水中分离。因此通过化学吸附法除砷同化学沉淀法一样也会产生较多的废渣、废液，如不加以妥善处理则可能造成二次污染。

对于吸附工艺产生的废渣可以参照化学沉淀废渣处理方式通过填埋的方式处理。对于失效的离子交换树脂，在再生过程中会将砷转入废液中，因此需要通过处理将砷从废液中沉淀出来以便于进一步处理。可以用铁盐和石灰来实现将砷从废盐液中分离出来。其化学反应方程如式（3-26）所示[59]。

$$Na_2HAsO_4+3H_2O+2FeCl_3 \rightarrow Fe(OH)_3(s)+Fe(H_2AsO_4)_3(s)+6NaCl \tag{3-26}$$

3.4 特殊含砷废水处理方法

对于不同工业含砷废水，根据不同目的和要求适用不同的处理方法。常见的特殊含砷废水处理方法主要有：中和氧化法、镓盐沉淀法、硫化物沉淀法、离子浮选法、电凝聚法、萃取法、膜分离法等[5，45，55，71]。

3.4.1 中和氧化法

（1）氧化漂白法

以漂白粉[$Ca(ClO)_2$]作氧化剂，三价砷很容易被氧化为五价砷。试验研究在 pH 为 2.5～4.0，向含砷 728 mg/L 的废水中加入 2.5 倍砷浓度的漂白粉，同时用石灰乳调 pH 至 11 左右，可使水中的砷降低到 3 mg/L 左右，一次除砷效率可达 99.6%。如果再按砷铁比为 1∶20 加入三氯化铁，废水中的砷可进一步降到 0.5 mg/L 以下，氧化剂除漂白粉外也可用过氧化钙。

（2）软锰矿氧化剂

软锰矿（$MnO_2 \cdot xH_2O$）在酸性溶液中能把三价砷氧化为五价砷，同时自身被还原为二价锰离子。反应过程如式（3-27）所示：

$$H_3AsO_3+MnO_2+H_2SO_4 \rightarrow H_3AsO_4+MnSO_4+H_2O \qquad (3\text{-}27)$$

用石灰将 pH 调至碱性，五价砷与二价锰离子可生成溶解度很低的砷酸锰[$Mn_3(AsO_4)_2$，$K_{sp}=1.9\times10^{-29}$]沉淀去除。此外软锰矿还是砷的天然吸附剂，可通过吸附过程除砷。二氧化锰吸附砷后可用稀氢氧化钠碱液浸泡使之再生活化，反复使用[5，72]。

3.4.2 镓盐沉淀法

在半导体材料生产过程中常有含镓、砷等元素的废水产生。通过添加硝酸镓或盐酸镓于废水中，使镓、砷摩尔比大于 80，然后用氨水或氢氧化钠调节 pH 至 6.5～8.5 中和沉淀，可使废水中的砷转入固相。沉淀经过洗涤干燥后可以得到白色的 $Ga_2O_3 \cdot mAs_2O_5 \cdot nH_2O$ 固体，在 1 100℃加热分解可回收五氧化二砷和三氧化二镓。此法优点是：操作简单，成本低，可将废水中的砷和镓同时回收利用，适用于连续生产[5]。

3.4.3 硫化物沉淀法

主要用于含砷量较高废水的初级处理，回收废水中的砷。处理后的废水尚不能达到排放标准，需要进一步处理（如采用石灰-铁盐法等）。

在酸性介质中，砷与硫化物反应生成硫化砷沉淀，反应如式（3-28）所示：

$$\begin{aligned} &3H_2S+As_2O_3 \rightarrow As_2S_3\downarrow+3H_2O \\ &5H_2S+As_2O_5 \rightarrow As_2S_4\downarrow+5H_2O \end{aligned} \qquad (3\text{-}28)$$

常用的沉淀剂有硫化氢、硫化钠、硫氢化钠、硫化亚铁等。

（1）硫化氢沉淀法

向 30～35℃的含砷废水中通入硫化氢气直至 pH 为 7.0～9.0，然后缓慢加入硫酸或盐酸并不断搅拌，至 pH<3 即可产生硫化砷沉淀。为了提高分离效果可加入非离子型表面活性剂（聚丙烯酰胺）使沉淀加快。此外还可将二氧化硫气体与硫化氢气体同时通入含砷污水，二氧化硫与硫化氢反应生成硫磺与硫化砷共沉淀。再用蒸汽搅拌可得到大密度、小体积的块状沉淀，有利于过滤分离。

（2）硫化亚铁法

将硫化亚铁加到不含游离氧的酸中，然后将其加入到 pH 为 6 废水中，废水中的砷即可生成硫化物沉淀而被除去。但废水中砷含量较高时，单纯使用该法很难使砷浓度降到 0.5 mg/L 以下，还需要配合其他方法进行深度处理。

（3）硫化钠或硫氢化钠法

将硫化钠加到 pH 为 6.0～7.0 的含砷废水中，能与砷形成硫化物沉淀去除。用这种办法处理含砷 0.8 mg/L 的废水可使砷浓度降到 0.05 mg/L，除砷率达 94%。日本足尾冶炼厂 1971 年建成的废水处理车间，加硫氢化钠从制酸废水中完全回收砷和铜，当反应时间为 2～3 h，能回收 99.9%的铜和砷。

硫化法处理含三价砷废水的效果不理想，单纯用硫化法很难使三价砷浓度降至满足标准要求。硫化法的优点是处理能力大、费用低、废渣可回收。需要注意的是硫化物不可加入过多，否则处理后的水由于硫化剂较多，造成二次污染。As_2S_3 在含硫离子的溶液中可形成配合离子而有溶解的趋势，为提高除砷率，必须投加适当的亚铁使其与过剩的二价硫生成硫化亚铁沉淀去除。

在处理硫酸废水时，由于硫酸废水中含有大量的二氧化硫和酸，加入铁屑可将废水中的二氧化硫还原为硫化氢，生成硫化氢可作为砷的沉淀剂。这样不仅可以避免二氧化硫的污染而且还可以解决除砷二价硫的来源。总反应如式（3-29）所示。

$$9H_2SO_4+3SO_2+9Fe+2H_3AsO_3 \rightarrow As_2S_3+9FeSO_4+12H_2O \quad (3\text{-}29)$$

在铁、二氧化硫和硫酸的三元体系中，铁还原二氧化硫为硫化氢的反应是主导反应，铁与硫酸反应放出氢气的反应是次要反应，反应中被铁还原的二氧化硫约为试验液中二氧化硫总量的 80%～90%[5，6，72]。

3.4.4 离子浮选法

利用表面活性物质在气液交界处对砷有一定的吸附能力这一性质以除去水中砷的方法叫离子浮选法。其原理是，在含砷废水中加入具有和砷相反电荷的捕收剂，生成水溶性的配合物或不溶性的沉淀物，使其附在气泡上浮到水面作为浮渣进行回收。

美国对含砷、铅、汞、铜、锌的低浓度废水，通过絮凝剂泡沫浮选法，选用氢氧化铁做絮凝剂，用十二烷基硫酸钠作捕收剂，可将砷去除至 0.5 mg/L 以下。

离子浮选法具有处理量大，渣量少（仅为沉淀法的 1/40～1/20），净化深度高，适应性强，设备占地面积少，解决了固液分离困难等优点。该法还可同时处理多种离子废水[5]。

3.4.5 电凝聚法

在废水流经的电解槽内以铁或铝作为阳极，在直流电作用下进行电解。阳极铁或铝失去电子后溶于水，与富集在阳极区域的氢氧根生成相应的氢氧化物，若以铁作为阳极则生成氢氧化亚铁可与水中的氧（或氧化剂）继续氧化成氢氧化铁。如式（3-30）所示。

$$4Fe(OH)_2+O_2+2H_2O \rightarrow 4Fe(OH)_3 \quad (3\text{-}30)$$

这些氢氧化物可作为絮凝剂，与砷酸根发生絮凝和吸附作用，同时溶于水中的二价铁离子还可直接与砷酸根反应生成砷酸亚铁沉淀，反应如式（3-31）所示。

$$6Fe^{2+} + 2AsO_4^{3-} \rightarrow 2Fe_3(AsO_4)_2 \downarrow \qquad (3\text{-}31)$$

这样通过絮凝、沉淀等多种作用过程，可使水中的砷的残留量降到 0.5 mg/L 以下。同时水中其他重金属离子可与氢氧根作用，生成氢氧化物沉淀，也可得到净化。

如果向电解液中投加高分子絮凝剂，那么利用电解中产生的气体气泡上浮，可将吸附了砷的氢氧化物胶体浮至水面，浮渣用刮渣机排出，达到固、液分离的目的。

电凝聚装置可分为电解槽、絮凝槽、浮上槽三个部分。废水首先经电解槽絮凝后进入凝聚槽，电解槽所用电极为铁或铝的可溶性电极，浮上槽所用电极为不溶性电极，一般为石墨或不锈钢电极。该法集沉淀、中和、吸附、絮凝、附上等各种过程于一体，具有操作方便、占地面积小等特点[73]。

使用铁电极进行电解絮凝除砷试验，结果证实在一定铁、砷比条件下五价砷比三价砷净化效果好，但二者都可稳定地降到0.5 mg/L以下。砷的初始浓度越高，所要求的铁、砷的比值也越高。pH 对除砷效率也有很大影响[5，74]。

3.4.6 萃取法

萃取法适用于水量小、浓度高的废水，所用萃取剂为磷酸三丁酯（TBP），再用水反萃使有机相中的砷进入水相，最后用硫酸钠或向含砷的反萃液中通入二氧化硫可回收硫化砷[5]。

3.4.7 膜分离法

膜分离法是以高分子或无机半透膜为分离介质，以外界能量为推动力，利用多组分流体中各组分在膜中传质的选择性差异，实现对其进行分离、分级、提纯或富集的方法[5，45，55，71]。

总之，每一种除砷技术都有其优缺点，对不同的含砷废水应选用适当的方法进行处理。化学沉淀法除砷，技术成熟，处理效果明显，在工业上已有大量应用。但其处理后产生的大量废渣目前尚无较好的处理方法，易造成二次污染。离子交换和吸附法除砷，虽然操作简单，占地面积小，但是也有处理费用高，投资大等缺点。此外不同技术和不同水质的除砷效果相差较大，因此要根据实际水质情况和处理效果要求来选择适当的工艺。常用除砷工艺的优缺点及适用条件如表 3-3 所示。

表 3-3 常用除砷工艺比较

除砷工艺		优点	缺点	适用条件
化学沉淀法	石灰化沉	价格低廉；操作简便；	出水浓度较高； 产生大量含砷废渣，可能形成二次污染	含砷废水的处理 砷污染水体处理
混凝沉淀法	铁盐混凝	处理效果好； 价格低廉； 操作简单	需要有混凝、沉淀、过滤构筑物； 会产生大量含砷污泥	饮用水处理 砷污染水体处理
化学吸附法	活性氧化铝	处理效果好； 二次污染小	吸附剂需经常再生； 吸附容量小	地下水净化 砷污染水体处理
	铁基吸附剂	处理效果好	价格昂贵； 难以再生； 应用经验较少	地下水净化
	离子交换法	处理效果好	价格昂贵； 不具备选择性	地下水净化

第四章　工业废水除砷技术

进入生物圈中的砷能通过一系列转化，最后对人体健康产生直接影响。工业废水排放的砷是造成环境中砷超标的重要原因，且含砷工业废水种类繁多，含砷浓度高。因此，对工业废水必须要做除砷处理，以达到排放要求。不同含砷废水处理方法各有优缺点和适用范围，需要根据具体要求，选择不同工艺进行组合以满足排放要求，同时做到经济技术合理。含砷工业废水主要源于冶金工业烟气除尘及湿法冶金的排水、硫酸厂洗涤烟气的排水以及杀虫剂、防腐剂、砷酸盐药物生产的排放水等。

4.1 工业含砷废水常用处理法

工业含砷废水的处理方法较多，目前较为常用的是石灰法、石灰—铁盐法、硫化法、软锰矿法等。其中以石灰法应用最为普遍[70，75-78]。

4.1.1 石灰沉淀法

石灰法一般用于含砷量较高的酸性废水。投加石灰乳，使之与砷酸根反应，生产难溶的砷酸钙沉淀，达到去除砷的目的。

$$3Ca^{2+}+2AsO_4^{3-} \rightarrow Ca_3(AsO_4)_2\downarrow \qquad (4\text{-}1)$$

石灰法能以较低的价格，获得与其他化学沉淀法相同或更好的处理效果，对砷酸盐去除较为有效。但石灰法会产生大量的含砷废渣，且石灰法对三价砷的处理效果较差。由于砷酸钙和亚砷酸钙的溶度积都较大，因此仅采用普通石灰法处理，其出水砷含量往往难以达到排放标准。必须采用沉渣回流的方式作进一步处理。即一次处理后，将沉渣作为晶核返回到废水中，使废水不产生新的、过量的微细晶核，而是促使废水中已有的晶核长大，使沉淀物体积增大，沉降速度加快。同时沉渣对砷还具有一定的吸附作用。对于主要以三价砷的形态存在的废水，要使其在处理过程中生成难溶的砷酸钙，可通过预氧化使亚砷酸根转化为砷酸根。图 4-1 为石灰法二级处理流程。

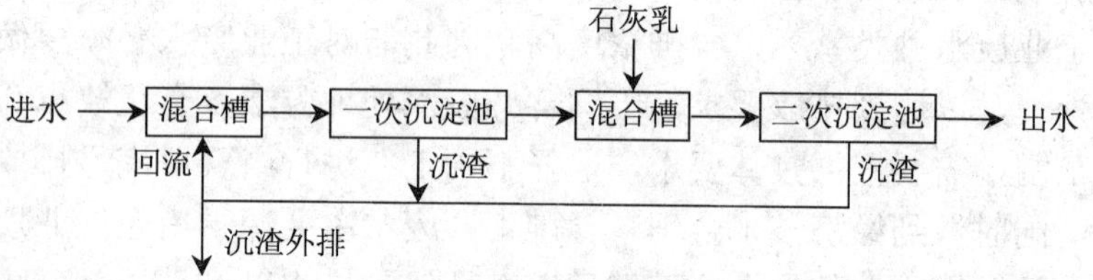

图 4-1 石灰法二级处理流程

4.1.2 石灰—铁盐法

该工艺的处理效果优于石灰法。

加入铁盐后，水溶液中形成大量$[Fe(H_2O)_6]^{3+}$、$[Fe_2(OH)_3]^{3+}$、$[Fe_2(OH)_2]^{4+}$等络合离子和多核络合物。这些络合物能强烈地吸附废水中的胶体微粒，在混凝过程中通过吸附、架桥、交联等作用促使胶体微粒相互碰撞形成矾花，进而沉淀去除。投加高分子絮凝剂后，高分子絮凝剂的架桥作用，会使沉淀效应加剧，有利于提高去除效果。

由于氢氧化铁吸附五价砷的 pH 范围较三价砷大得多，所需的铁砷比也较小。因此，在凝聚处理前将亚砷酸盐氧化成砷酸盐，可以大大改善除砷的效果。

石灰—铁盐法除砷效果好，工艺流程简单，设备少，操作方便，但砷渣的过滤较困难。图 4-2 为该工艺流程图。

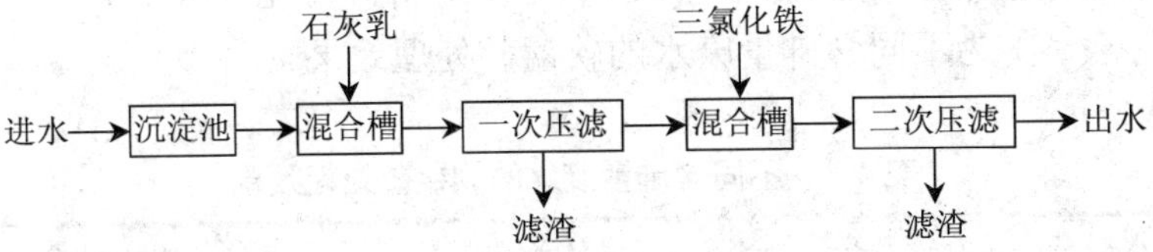

图 4-2 石灰—铁盐法处理流程

4.1.3 硫化物沉淀法

由砷在水中的 Eh-pH 图可知，砷在酸性还原条件下以三价砷形式存在，加入硫化剂时，可生成难溶的 As_2S_3 沉淀，反应式如式（4-2）所示。

$$2As^{3+}+3S^{2-} \rightarrow As_2S_3\downarrow \tag{4-2}$$

加入的硫化剂一般为硫化钠，为了加速硫化砷的沉降分离，可辅以投加少量高分子絮凝剂。由于在酸性条件下处理会产生硫化氢气体，因此需要用碱液吸收。

硫化法净化效果好，可将废水中砷的含量降至 0.05 mg/L。但硫化物沉淀需在酸性条件下进行，沉淀物难以过滤。处理后上清液中存在过量的硫离子，在排放前需做进一步的处理以免造成二次污染。

4.1.4 软锰矿氧化法

利用软锰矿粉（天然二氧化锰）使三价砷转化为五价砷，然后投加石灰乳（对酸性废水回调 pH 值），形成砷酸锰沉淀，也是含砷工业废水常用的一种处理方法。处理反应过程如式（4-3）所示。

$$\begin{aligned}&H_2SO_4+MnO_2+H_3AsO_3 \rightarrow H_3AsO_4+MnSO_4+H_2O\\&3H_2SO_4+MnSO_4+6Ca(OH)_2 \rightarrow 6CaSO_4+3Mn(OH)_2+6H_2O\\&3Mn(OH)_2+2H_3AsO_4 \rightarrow Mn_3(AsO_4)_2\downarrow+6H_2O\end{aligned} \tag{4-3}$$

提高废水温度及曝气量，有利于将三价砷氧化为五价砷[70]。

表 4-1 为不同含砷量废水的软锰矿处理效果。

表 4-1　不同含砷量废水的软锰矿处理效果

废水成分/（g/L）		氧化条件			出水砷含量/（mg/L）
砷	硫酸	MnO_2 投量/（g/L）	温度/℃	时间/h	
12.37	42.9	4	80	3	0.05
8.5	80.0	4	70	2.5	0.06
4.4	49.1	4	80	2	0.035
3.55	23.1	4	70	3	0.05
2.74	31.4	4	80	3	0.02

由表 4-1 可知，经过软锰矿处理之后，在进水砷浓度高达 10 g/L 时，出水的砷浓度能够控制在 0.05 mg/L 左右，远优于排放标准的要求。

4.2 硫酸厂含砷废水处理工艺

4.2.1 硫酸厂背景及含砷废水来源

硫铁矿是硫酸厂的主要原料，硫铁矿中的砷大多数是以砷黄铁矿（FeAsS）形态存在。采用接触法制酸基本过程可分为如下工序。

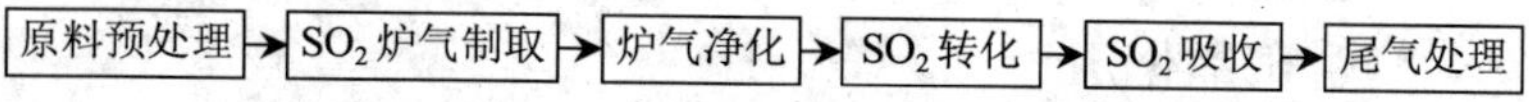

图 4-3　硫酸生产基本工序

对制酸来说，人们希望砷尽可能多地固定在炉气制取过程中固定在矿渣中。在通常的沸腾焙烧条件下，硫铁矿中的砷大部分以砷酸铁形态被固定于矿渣中。砷黄铁矿的主要焙烧热分解反应如式（4-4）、式（4-5）所示[79，80]。

$$4FeAsS \rightarrow 4FeS + As_4 \tag{4-4}$$

$$4FeAsS + 4FeS_2 \rightarrow 8FeS + As_4S_4 \tag{4-5}$$

三价砷氧化物在 25～900℃是以二聚体 As_4O_6 形态存在。三价砷的形成主要发生反应如式（4-6）、式（4-7）所示。

$$As_4 + 3O_2 \rightarrow As_4O_6 \tag{4-6}$$

$$As_4S_4 + 7O_2 \rightarrow As_4O_6 + 4SO_2 \tag{4-7}$$

在氧化环境中 As_4O_6 进一步氧化，生成 As_2O_5，反应如式（4-8）、式（4-9）所示。

$$\frac{1}{2}As_4O_6 + O_2 \rightarrow As_2O_5 \tag{4-8}$$

$$\frac{1}{2}As_4O_6 + 2Fe_2O_3 \rightarrow 4FeO + As_2O_5 \tag{4-9}$$

Fe_2O_3 的存在，与 As_2O_5 反应而生成砷酸铁。

$$As_2O_5 + Fe_2O_3 \rightarrow 2FeAsO_4 \tag{4-10}$$

As_2O_5 还能够与一些低价金属氧化物如 PbO 、 FeO 、 CuO 、ZnO 等形成砷酸盐，反应如式（4-11）所示。

$$3MO + As_2O_5 \rightarrow M_3(AsO_4)_2 \tag{4-11}$$

这些砷酸盐都比较稳定，需要很高的温度才能分解。在一般的沸腾焙烧条件下，70%～80%的砷氧化物转变为砷酸盐留在矿渣中，即砷的烧出率为 20%～30%，这些烧出的砷都进入了炉气中。

对于还希望利用矿渣炼铁的情况，则希望砷的脱除效率越高越好。以脱砷为目的的焙烧方法是在氧分压很低的条件下进行焙烧，反应就进行到式（4-7）为止，不使后续反应发生。操作的关键是低氧。在低氧环境下矿渣组成以 Fe_3O_4 为主，这样砷就不被固定。在下列可逆反应中：

$$2FeAsO_4+2SO_2 \rightleftharpoons Fe_2O_3+2SO_3+As_2O_3 \quad (4\text{-}12)$$

$$2FeAsO_4 \rightleftharpoons Fe_2O_3+As_2O_3+O_2 \quad (4\text{-}13)$$

降低 SO_3 分压和 O_2 分压，提高 SO_2 分压有利于平衡向右移动。这种要求和磁性焙烧方法是一致的。相反，以固定砷为目的时，炉气中 O_2 浓度应该大于 2%，焙烧温度以不超过 800～850℃为宜。

炉气中砷的三价氧化物是 As_2O_3 的二聚物形态，只有在很高温度下才能转变为 As_2O_3，习惯上仍将炉气中的 As_4O_6 称作三氧化二砷，为方便计算写作 As_2O_3。炉气中砷氧化物呈气态，温度降低才转变为固态。固态三氧化二砷的蒸汽压随温度而降低得很快。从第一个洗涤设备出来的气体，温度已降到 60～65℃，此时只有极少一部分 As_2O_3 仍然为气态。根据 As_2O_3 蒸汽压数据计算得气体中三氧化二砷的饱和含量如表 4-2 所示。

表 4-2 不同温度下气体中三氧化二砷的饱和含量 单位：mg/m^3

温度/℃	50	75	100	125	150	200	250
As_2O_3 含量	0.016	0.31	4.2	37	280	7.9×10^3	124×10^3

炉气中如含有 As_2O_3，会使后续的 SO_2 氧化为 SO_3，使钒催化剂中毒，影响硫酸的生产。砷使催化剂中毒的原因是：

1）钒催化剂能吸附 As_2O_3，并氧化成 As_2O_5，反应如式（4-14）所示。

$$As_2O_3+O_2 \rightarrow As_2O_5 \quad (4\text{-}14)$$

As_2O_5 堆积在催化剂表面上，覆盖活性表面增加反应组分的扩散阻力，使活性下降。这种中毒现象主要发生在 550℃以下的范围。

有研究发现，As_2O_5 同活化催化剂的碱金属结合，导致催化剂活性物质被破坏的化学反应，如式（4-15）所示。

$$mAs_2O_5+K_2O\cdot nV_2O_5 \rightarrow nV_2O_5+K_2O\cdot mAs_2O_5 \quad (4\text{-}15)$$

在450℃时，中毒度α=0.029；在495℃时，中毒度α=0.020。

2）在 550℃以上的操作温度下，As_2O_5与活性组分V_2O_5会起反应，生成挥发性物质$V_2O_5 \cdot As_2O_5$，把V_2O_5带走，反应如式（4-16）所示：

$$As_2O_5+V_2O_5 \rightarrow V_2O_5 \cdot As_2O_5 \uparrow \qquad (4\text{-}16)$$

温度越高，V_2O_5含量越高，则挥发的V_2O_5越多。挥发物随着在第二、三阶段催化剂层凝结下来，在催化剂表面形成一层黑壳，并使催化剂结块，活性降低，阻力升高。

生产实践表明，一些厂把砷含量控制在 1 mg/m^3 以下，长期运行中，未发现催化剂中毒现象。相反，某厂进气中砷含量高达 30 mg/m^3。催化剂中毒严重，半年不到转化率由 96%下降到 88%。所以，为保障硫酸厂的持续稳定运行，对炉气中砷的净化非常重要[79]。

硫酸炉气净化工序主要包括：①除尘，清除气体中一些固态悬浮物；②除雾，清除气体中悬浮的液态微粒；③吸收，清除气态有害物质，如卤化氢、汞等；④除热，对原料气降温除热。硫酸炉气净化设备主要包括：洗涤设备、除雾设备、除热设备。炉气在冷却过程中，一般是酸雾形成在先，As_2O_3结晶在后。由于酸雾数量多，表面积大，可能有一部分As_2O_3会溶解在酸雾中（也有少数As_2O_3粒子直接被洗涤液所捕集），其余的As_2O_3为悬浮于气体中的极细的固体粒子，始终未与酸雾结合，最终在电除雾器中被捕集。但还有极少数未被捕集的As_2O_3粒子进入干燥塔，部分溶解在干燥酸中。各炉气净化流程产生的废液汇集成为硫酸废水。

不同硫酸炉气净化工艺的污水排放量不同，大约在 10 m^3/（t 酸）左右。硫酸废水的主要组成物质包括硫酸、亚硫酸、矿尘、砷、氟以及多种重金属离子等。因此对硫酸废水的处理中，除砷是其中的一个重要任务。

以硫酸矿为原料，水洗净化制酸，硫铁矿含砷与污水含砷浓度关系如表 4-3 所示。

表 4-3 水洗净化污水中含砷浓度 单位：mg/L

矿含硫/% 砷的浓度 矿含砷/%	20	25	30	35	40
0.2	143.2	114.4	95.2	81.6	70.9
0.1	71.6	57.2	47.6	40.8	35.4
0.05	35.8	28.6	23.8	20.4	17.4

注：砷烧出率按 40%计算，污水量按 10 m^3/（t 酸）计算。

4.2.2 硫酸厂含砷废水净化工艺

一般来说，大多数硫酸污水中的砷含量都不高（砷在 1.0 mg/L 以下），采用石灰法即用石灰乳一次中和沉降就可以了。对含砷较高的硫酸污水（砷在 40 mg/L 以下），采用石灰—铁盐法的处理流程，即可达到满足排放标准要求。对于含砷量高的污水处理方法有多种，可依据情况选择增加硫化法、氧化法等其他预处理方法。硫化法是将三价砷转化成三硫化二砷去除，氧化法是利用氧化剂如漂白粉、高锰酸钾、次氯酸钠等将三价砷氧化为五价砷，再与石灰中和反应，生成砷酸钙。此外，还有利用石灰进行逆流三段处理等方法[80]。

4.2.2.1 低砷硫酸废水的治理

当焙烧的原料矿含硫约 30%，砷、氟含量均＜0.1%时，水洗净化排除污水中含 As＜30 mg/L。处理较为简单，石灰一次中和，一次沉降即可达到排放标准。

（1）石灰法处理硫酸废水

石灰法处理硫酸废水的基本原理是：硫铁矿的煅烧使废水中含有大量的亚铁离子，当投加石灰乳使污水 pH 提高到 8～9 时，二价铁被氧化为三价铁盐。亚铁盐只有在碱性溶液中方能被溶解氧氧化成三价铁，形成氢氧化铁胶体。三价氢氧化铁胶体可将砷、亚砷酸钙、砷酸铁盐及其他杂质吸附在其表面上，通过凝聚结合成絮状矾花沉淀去除，投加助凝剂可以加快这一过程。对于含砷量较大但含铁量较少的废水，还需人工投加铁盐。

（2）pH 与砷脱除率的关系

在不额外加铁工艺条件下，采用石灰沉淀法处理低砷硫酸废水的除砷效果和 pH 关系如图 4-4 所示。

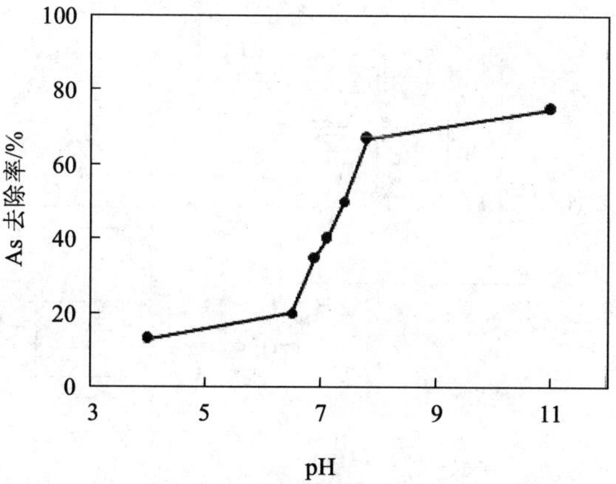

图 4-4　pH 与脱砷去除率关系

由图 4-4 可知，砷的脱除率在 pH 约为 8 时出现转折点，在转折点之前砷和脱除率随 pH 上升而提高，pH 在 7～8 砷脱除率增加最快，当 pH 为 8 出现拐点，砷的脱除率约为 68%，拐点之后脱除率呈缓慢上升趋势，pH 在 3.5～11 砷脱除率最高达 78%。石灰投加量应使废水达到处理所需要的 pH 即 8 以上。

（3）废水中铁的作用

石灰沉淀法处理低砷硫酸废水，废水中铁的含量对处理效果至关重要，某硫酸厂曾在无铁污水中单独投入石灰中和，调整 pH 值至 8 进行试验，结果除砷效率极低，几乎没有去除作用。

（4）硫酸厂含砷废水一级石灰法处理工艺

对于一般浓度的硫酸厂含砷废水，可以采用石灰法一次中和、一次沉降的工艺流程，如图 4-5 所示。

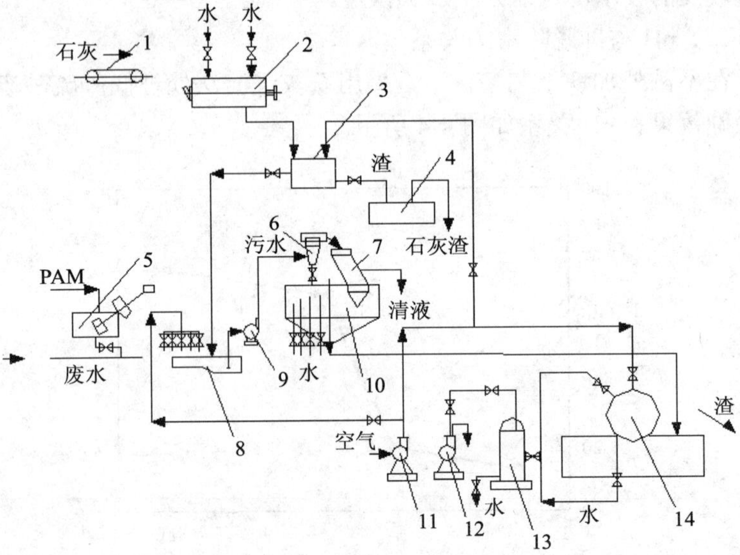

图 4-5　低砷硫酸废水石灰法处理流程

1．胶带机；2．消石灰机；3．石灰乳槽；4．石灰渣池；5．絮凝剂溶解槽；6．涡流反应室；7．同向流斜板沉降池；8．污水中和池；9．污水泵；10．污泥浓缩槽；11．鼓风机；12．水环式真空泵；13．真空排水罐；14．真空转鼓过滤机

低砷硫酸废水石灰法处理工艺流程分成：石灰乳制备，絮凝剂制备，废水中和、絮凝、沉降和污泥脱水四个工序。

1）石灰乳制备

生石灰经防尘胶带送入消石灰机加水消化，少量不分解的石灰石由消石灰机出口螺旋排除抛弃。石灰乳流入石灰乳槽，经压缩空气搅拌，加水稀释，控制石灰乳浓度约 10%。

2）絮凝剂制备

絮凝剂是聚丙烯酰胺，含量为 8%，分子量为 350 万～400 万。根据污水量，以 10～15 mg/kg 加入量，计算出每班用量，投入溶解槽，加入清水，用压缩空气搅拌或机械搅拌。

3）废水的中和、混凝及沉淀

废水进入设有压缩空气搅拌的污水中和池内，加入石灰乳进行中和，控制 pH 在 8～9 范围内。同时加入聚丙烯酰胺进行混凝。混凝剂投加量为 10～15 mg/kg。

中和、混凝后的污水由污水泵送至涡流反应室进行絮凝反应，污水从反应室中部进入，形成涡流减速上升，随着锥体截面积的增大，反应流速逐渐变小，絮体则由小变大，污水经上部溢流口进入同向流斜板沉降池，沉淀分离后的清水由收集渠收集排出池外。沉淀下来的污泥（含水率 96%～97%）流入污泥浓缩池，静置 8 h 后进行再去脱水。

4）污泥脱水

污泥进入真空转鼓过滤机贮液槽内，开动真空泵和鼓风机，随着转鼓的旋转，污泥在真空状态下脱水，滤液被吸出送入真空排水罐，达到一定液位后排出。滤饼由过滤机卸料刮刀卸入手推车运至渣场。含水约 50%的污泥渣送水泥厂用作辅料助熔剂利用。

（5）一级石灰法污水处理操作数据

四川某化肥厂操作数据如表 4-4 所示。

表 4-4　一级石灰处理操作数据

指标	废水成分	处理后排水成分
pH	2.0	9.0
As/（mg/L）	15.6～25	0.192
F/（mg/L）	93.6	7.5
SO_2/（mg/L）	2 852	—
H_2SO_4/（mg/L）	969.6	—

采用一级石灰法处理含砷硫酸废水，在工艺运转良好时，进水砷浓度 15～25 mg/L，出水浓度可降至 0.2 mg/L 左右，处理效果较好，可满足《废水综合排放标准》（GB 8978—1996）的要求。

4.2.2.2 中等砷浓度硫酸废水的治理

对于含砷 50～100 mg/L、氟 200～300 mg/L 中等浓度的硫酸废水，只采用一次石灰中和、一次絮凝沉淀，依靠污水中存在的铁盐除砷，难以实现处理后污水的达标排放。

因此对于含中等浓度砷、氟的硫酸废水应采用二级石灰—铁盐（一般使用硫酸亚铁）混凝沉淀法处理，工艺流程如图 4-6 所示。

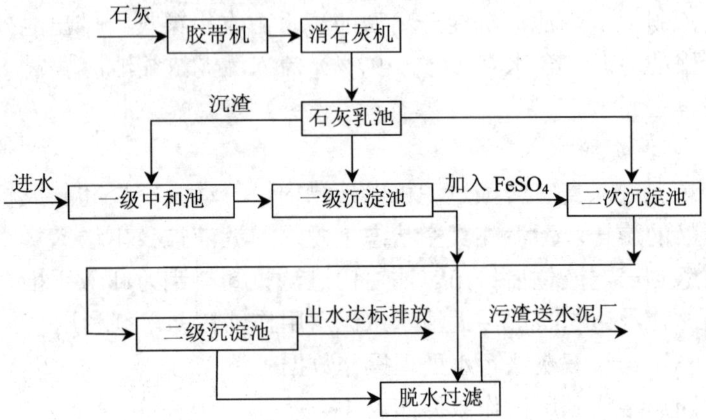

图 4-6 二级石灰—硫酸亚铁絮凝沉淀污水处理工艺流程

硫酸废水成分和经二级石灰中和、硫酸亚铁、絮凝沉淀法处理后出水成分如表 4-5 所示。

表 4-5 硫酸废水成分和出水成分

项目	pH	组分/（mg/L）							
		As	F	Fe	Cu	Zn	Pb	SS	总酸度
硫酸废水	1.8～1.86	102～141	305～380	22～44	0.9～3.2	17～23	4.0～3.6	1 514～1 859	3 226 以硫酸计
处理后排水	＜9	＜0.15	＜13.85	＜3.12	未检出	未检出	未检出	＜15	0

在一、二级处理控制 Fe/As 比分别为 2.5 和 15 时，一级砷和氟脱除率分别高达 80%和 94%；二级处理出水砷、氟浓度分别低于 0.15 mg/L 和 13.85 mg/L，Cu、Zn 和 Pb 重金属离子均达检不出的水平，出水 pH、Fe 和悬浮物均低于国家排放标准。

4.2.2.3 高砷硫酸废水的治理

（1）废水成分分析

高砷、氟污水产生于焙烧高砷、氟硫铁矿的硫酸装置。

葫芦岛锌厂炼锌烟气制酸，总产量 56 万 t/a，20 世纪 80 年代初一直用水洗净化制酸工艺，酸性污水严重污染了锦州湾海域。80 年代中期制酸工艺改为半封闭酸洗净化流程，大大减少了污水的排放量，为污水处理创造了有利条件。该厂制酸系统所排污水的典型成分如表 4-6 所示。

表 4-6 废水成分 单位：mg/L

名称	As	F	Zn	Cd	Pb	Hg	H_2SO_3	H_2SO_4	污水量/（t/h）
成分	100～300	1 000～2 500	1 000～3 000	400～1 000	50～100	10～40	600～1 000	20 000～25 000	16～20

该厂经过扩大试验，采用三级石灰中和，亚硫酸铁絮凝沉淀处理废水工艺。

（2）化学反应

1）第一级主要化学反应

石灰中和硫酸、除砷采用化学反应式同前。

2）第二级主要化学反应

第二级综合是 $Ca(OH)_2$ 使污水中的铅、锌、镉等重金属离子生成难溶沉淀物加以分离，富集与沉渣中以便回收利用，如式（4-17）所示。

$$\begin{aligned} &ZnSO_4+Ca(OH)_2 \rightarrow CaSO_4+Zn(OH)_2\downarrow \\ &CdSO_4+Ca(OH)_2 \rightarrow CaSO_4+Cd(OH)_2\downarrow \end{aligned} \tag{4-17}$$

3）第三级主要化学反应

第三级采用三价铁离子进行絮凝沉淀，进一步除去砷。

（3）工艺流程

三级石灰中和、硫酸亚铁絮凝沉淀法处理高砷、氟和重金属废水工艺流程图如图 4-7 所示。该流程特点是石灰和絮凝剂只投加入第一、二级中和池，三级只加入亚硫酸铁盐。

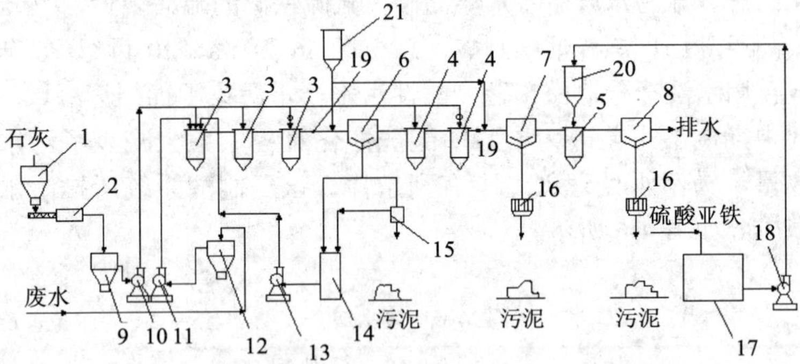

图 4-7 三级石灰综合絮凝沉淀法硫酸废液处理流程

1．石灰储罐；2．棒磨机；3．一级中和槽；4．二级中和槽；5．三级中和槽；6．一级浓密机；7．二级浓密机；8．三级浓密机；9．石灰乳槽；10．石灰乳泵；11．污水泵；12．污水槽；13．回流水泵；14．回流水槽；15．过滤槽；16．压滤槽；17．铁液槽；18．铁液泵；19．pH 检测自调系统；20．铁液高位槽；21．絮凝剂高位槽

（4）水质分析

三级石灰中和、硫酸亚铁絮凝沉淀法处理高砷、氟和重金属废水水质分析结果如表 4-7 所示。

三级石灰综合絮凝沉淀法除砷比较稳定可靠，对含 As 不太高的污水经二级中和处理即可达标。采用分级出渣，综合利用后可有效控制二次污染。

表 4-7　处理后水质分析　　单位：mg/L

成分	As	F	Zn	Cd	Pb	Hg	Ca	SO_3^{2-}	SO_4^{2-}
一级	40～110	43～200	710～2 520	320～940	2.8～11	—	—	—	—
二级	0.1～0.51	12～40	3.1～5.8	＜0.1	0.14～1.5	0.046	1 310	—	1 770～2 160
三级	0.1～0.18	7.7～36	1.7～2.4	＜0.1	0.14～0.28	0.046	1 190	—	1 850～2 440

4.2.2.4 电石渣—铁屑法处理硫酸废水

（1）电石渣处理硫酸废水工艺流程

国内已有多家硫酸厂采用电石渣处理硫酸废水，实现了以废治液。浙江衢化硫酸厂的一级电石渣中和、一级沉降废水处理工艺如图 4-8 所示。

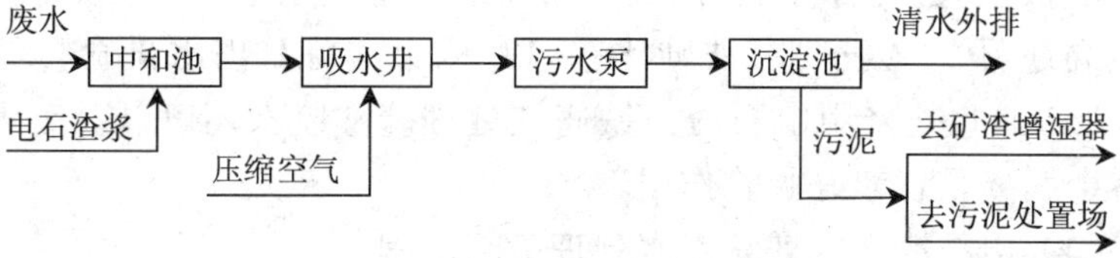

图 4-8　电石渣硫酸污水处理工艺流程

污水治理效果如表 4-8 可知，单一使用电石渣综合除砷效率并不高，对于低砷废水（2～10 mg/L）经电石渣一级中和处理可以达标排放。但对于含砷较高的污水处理效果较差。

表 4-8　电石渣以及中和废水处理结果　　单位：mg/L

成分	pH	As	F	SS	Hg	Cu	Pb	Zn	Cd
处理前	1.5～3.0	2	30	3 000	＜0.005	＜10	＜5	＜10	＜0.01
处理后	6～9	0.4	12	＜200	0.004	0.4	0.2	0.22	＜0.01

（2）电石渣处理含砷废水经济效益

以杭州硫酸厂以废治废为例，计算电石渣处理含砷废水经济效益。生石灰每吨价格 50～60 元，有效 CaO 80%～90%，生石灰每吨 CaO 为 65 元。电石渣每吨 5 元（运费），有效 CaO 40%～50%，电石渣每吨有效 CaO 为 11 元。电石渣法污水处理费用只有石灰法的 17%，经济效益十分明显。

（3）电石渣—铁屑法治理硫酸废水

原冶金部安全环保研究院进行了电石渣、铁屑脱除硫酸废水中砷、氟的实验研究。硫酸废水中除含有砷、氟之外，还含有大量 SO_2 和 H_2SO_4，它们和铁屑反应生成 $FeSO_4$。硫酸废水和铁屑反应快，操作简单，可用铁屑加入量和反应时间来控制亚铁离子的浓度。影响除砷效果的主要因素有：pH、铁砷比、搅拌或曝气方式、沉降时间等。经过研究发现将 pH 控制在 8～9 为宜，当 pH 大于 8 时沉淀颗粒粗大，沉降迅速，沉降 30 min 即可满足要求。铁砷比含量越高越好，一般要求铁砷比在 13 以上，可是出水砷含量低于 0.5 mg/L。此外采用电石渣—铁屑法处理硫酸废水还可以对废水中的重金属离子有较好脱除作用。

（4）电石渣—铁屑法污水处理工艺流程

电石渣—铁屑法污水处理工艺流程如图 4-9 所示。

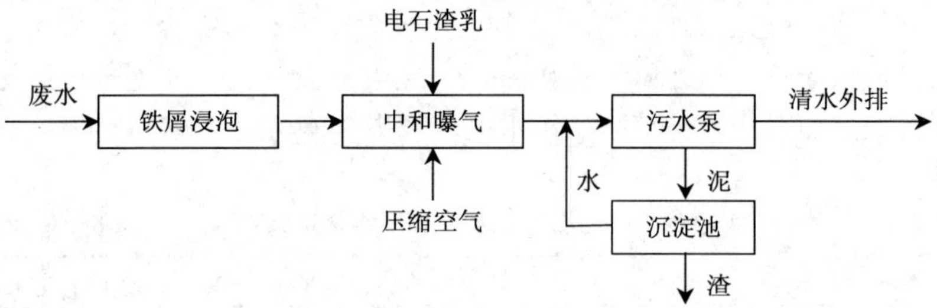

图 4-9 电石渣—铁屑法污水处理工艺流程

4.3 工业废水除砷技术总结

（1）工业含砷废水的处理处置主要以化学沉淀法为主，其中最常用的是钙盐沉淀法。投加镁盐或其他金属离子化合物也可以和砷酸根形成沉淀，可用于含砷工业废水的处理处置。

（2）对于高浓含砷工业废水处理，仅采用传统钙盐沉淀法可能存在出水砷超标问题。因此，在传统钙盐沉淀法的基础上投加一定浓度的铁盐，则可以保证出水达标。

（3）不同工业含砷废水处理处置方法，出水效果和经济指标不同。因此，在实际应用过程中，应根据工艺要求合理选择除砷技术，在实现达标排放的基础上，实现经济成本的最优化。

（4）由于涉砷工业企业种类多样，数目众多。因此要实现工业废水的达标排放除了发展工业含砷废水的处理技术以外，还需要加强对涉砷工业企业的监管工作，确保除砷工艺能够正常运行。此外，当地主管部门应该做到：①做好环境风险评估和隐患排查整治工作，建立污染源数据库，能够有效监控污染源动态；②加强环境监测，完善预警体制，能够实时监控水质指标，做到污染早发现、早治理、早查处。

第五章　地表水砷污染应急处理技术及案例

冶金、采矿、硫酸工业废水中都含有较高浓度的砷，因此，在生产和使用过程都有可能造成砷进入环境。近年来，因工业偷排或生产事故造成水体砷污染事件时有发生。2006 年湖南临湘市桃矿化工有限责任公司偷排含砷废水进入新墙河，威胁岳阳县饮用水安全；2008 年位于大沙河上游的河南省民权县成城公司使用劣质矿石生产硫酸，大量含砷废水直接排入大沙河，造成水体砷污染，威胁下游居民饮用水安全；2008 年 10 月广西省河池市发生因冶炼企业含砷废水外溢污染井水，造成数百人尿砷超标，出现头昏、呕吐等砷中毒症状；2009 年 7 月山东临沂亿鑫化工有限公司，将含砷废水蓄存在藏匿的污水池中，并趁雨天用水泵恶意偷排进入南涑河，造成严重砷污染事故。因此，研究总结地表水环境砷污染应急处理处置技术，具有重要意义。

砷是一种致癌物，自然条件下和人类生产活动都会使砷进入环境。但砷污染事故，主要是因人类的生产活动过程中集中排放引起的。目前，多数地表水砷污染事件主要源于涉砷工业企业含砷废水的违规排放。很多工业所排放的工业废水中都含有砷，这主要原因是：一方面砷和很多金属伴生，在矿产开采、金属冶炼过程中会产生。另一方面化工生产过程如硫酸厂、磷酸厂、农药厂等排放的废水中含有大量的砷。因此，防治地表水砷污染首先是要用科学发展观指导，做好涉砷企业的污染控制工作，针对地表水砷污染现状，控制污染源。污染源的控制要做到：一是发展含砷废水、废渣的处理技术，防止其排入环境；二是加强政府监管，确保所有涉砷企业生产规范，处理工艺稳定运行；三是需要加强对流域断面监测，做到砷污染早发现、早处理、早解决。

当前，我国正处于经济快速发展阶段，各类污染事故频发。在加强对涉砷企业监管的同时还需要进一步做好对地表水环境砷污染应急处理技术的储备工作。

地表水砷突发污染事件往往具有水量大、浓度高、事故发生突然等特点。目前，针对地表水砷污染应急处理技术主要技术包括：石灰沉淀法、铁盐混凝沉淀法和化学吸附法。

5.1 地表水应急除砷的石灰沉淀法

石灰沉淀法除砷的基本原理是利用石灰同水体中的砷酸根生成砷酸钙沉淀。工业废水中排出的砷主要是三价亚砷酸，当亚砷酸从废水排出在和空气长期接触过程中会被氧化形成砷酸。在水体中一般只测定总砷，并不区分三价砷和五价砷。由于亚砷酸盐的溶解度高，没有很好的去除方法。因此，水体中砷以三价亚砷酸为主时，需要有预氧化工艺，将砷转为五价砷，使其能够与钙形成砷酸钙沉淀物。

不同 pH 条件下石灰沉淀法除砷效果相差较大，为了提高石灰沉淀法的除砷效果，在采用石灰沉淀法除砷时，往往需要通过投加石灰调节 pH 至碱性。

石灰沉淀法处理水体砷污染事件主要存在的问题是：①产生大量含砷污泥，会形成大量砷酸钙沉淀沉积在底泥中，在河流或湖泊底泥的还原氛围下，砷可能被还原为三价砷，从砷酸钙沉淀中重新溶出，造成二次污染。②砷酸钙沉淀物的溶解度较高，单独采用可能难以直接满足砷的排放标准。③在水体环境中采用石灰沉淀法除砷，投加的石灰乳除了能与砷酸根生成砷酸钙沉淀外还能与水体中碳酸根等其他离子生产碳酸钙等沉淀，因此消耗的石灰量较大。

5.2 地表水应急除砷的铁盐混凝沉淀法

铁盐混凝沉淀法主要利用铁盐混凝后形成的矾花吸附除砷，除砷效果较好。但是，铁盐混凝沉淀法也存在底泥的二次污染问题。

2008 年 11 月中科院生态中心在河南大沙河砷污染治理过程中采用铁盐混凝沉淀法除砷。在河道的河闸段对上游拦截的河水分批处理。通过加入氧化剂（高锰酸钾）和铁盐混凝剂，在河道中完成氧化、混凝、沉淀的除砷处理，处理后的水再排入下游河段。

在采用高锰酸钾预氧化时，必须控制高锰酸钾的投加量，投加量过高或混合不好时，易对水生生物产生直接毒害作用。除砷处理产生的含砷底泥在水体应急处理后需要进行妥善处理，底泥清挖和无害化处置的工作量较大。

5.3 地表水应急除砷的化学吸附法

化学吸附法主要利用活性氧化铝或铁基的吸附材料过滤去除水中的砷，砷被固定在吸附材料上，没有底泥二次污染问题，是化学吸附法的最大优点。该方法的主要不足之处是：①过滤吸附坝在过滤运行一段时间后，坝体会被水中的泥沙悬浮物堵塞，使坝体的过水均匀性下降，造成局部短流，除砷效果下降。②吸附材料的吸附容量有限，使用一段时间后需要更换，不适于高浓度、大水量的水体处理。③构筑过滤吸附坝的工程量较大，所需吸附材料较多。④由于只有与水接触的材料才能发挥吸附除砷作用，坝体中高于水面的部分不能发挥作用，吸附材料的利用率低。

5.4 山东临沂邳苍分洪道砷污染事件活性氧化铝吸附坝应急处理案例

2008 年 12 月底，山东红日阿康化工股份有限公司在磷酸生产线恢复生产时，工人违规将富集砷化物的磷酸尾气循环洗涤水排入汇水河道，造成砷污染。当地有关部门在北京师范大学等单位的技术支持下，采用活性氧化铝吸附坝法成功地处置了这次污染事件。有关处理案例总结材料详见下节，供各地参考。

5.4.1 事件背景及水质状况

5.4.1.1 邳苍分洪道

邳苍分洪道位于山东临沂骆马湖区域北部，在沂河以西，中运河以北。为解决沂河下游堤防安全和邳苍地区洪水泛滥问题，于 1958 年苏、鲁两省共同开辟的一条人工分洪河道。邳苍分洪道上起山东省郯城县江风口分洪闸，西南流经临沂、郯城、苍山、邳州等县（市）境，于江苏省邳州大谢湖入中运河。两岸堤防长度为 148.8 km，其中山东境内长 80.3 km，江苏境内长 68.5 km。邳苍分洪道除分泄沂河洪水，还承担泄邳苍北部山区诸河来水，其区间流域面积为 2 357 km^2。邳苍分洪道的主要支流有陷泥河、南涑河、燕子河、吴坦河、东泇河、汶河、西泇河，这些河流均由右岸汇入分洪道。

邳苍分洪道流域北部为山丘，其高程一般为 200～300 m，沿分洪道地势自东北向西南倾斜，地面高程为江风口 56 m，苏鲁省界 34 m，入中运河口处 23.5 m，平均地面坡降 1/2 300。

5.4.1.2 工程背景

2009 年 1 月 7 日，淮河水保局在对苏、鲁省界考核断面例行监测中，发现邳苍分洪道东、西偏泓水体中砷浓度超标，其中东偏泓砷浓度达到 1.9 mg/L。临沂市环保局接到电话通报后，临沂市立即启动应急预案，全面开始排查污染源和监控出境断面水体中砷浓度的变化。1 月 13 日，在国家环保部应急办和山东省环保局的指导下，查明污染源为临沂市红日阿康化工股份有限公司，临沂市政府立即对其实施了全面停产，切断了污染源，并及时通报下游邳州市。

在环境保护部、江苏省环保厅、徐州市环保局的指导指挥下，邳州市政府在境内将砷超标水体成功实施截流，通过拦截上游来水及截蓄含砷河水等措施，将含砷河水有效控制在东偏泓柳林以上 10 km、城河邳城闸以上 11 km，以及纲河 16 km 河段三个区域，总水量约 450 万 m^3。

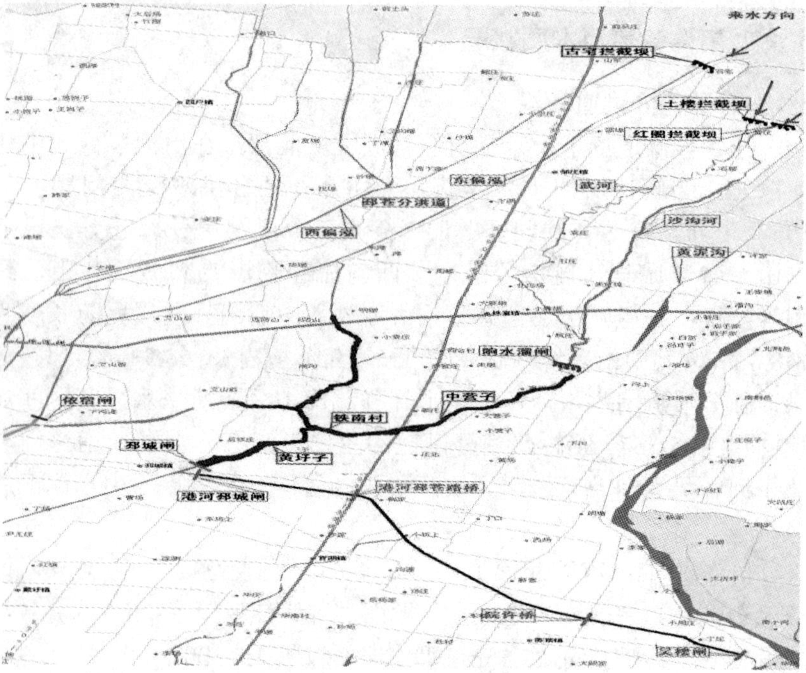

图 5-1　邳州境内砷超标水体

5.4.1.3 水体水量水质变化情况

含砷水体被有效截留控制后，徐州、临沂两市继续采取措施以控制截污区的上游来水，确保截留砷超标水体的水质水量稳定。同时，临沂市环境监测站自 2009 年 1 月 23 日起对三处砷超标水体，实施了逐日分段监控，同时临沂、邳州水利部门对砷超标水体的水量进行了测算，具体水质、水量情况如下：

（1）城河砷超标水体（邳城闸上）水质水量情况

城河河段水系较为复杂，根据临沂、邳州市水利测量部门提供的现场测量结果，邳苍路以下至邳城闸河段河道水面宽 40～80 m，长度 5 km，平均水深 3～6 m，测算水量为 150 万 m^3 左右。由于邳城闸落闸时间较早，砷超标水体的污染峰头被有效地控制在邳城闸以上 2 km 河段区域内。监测站水质监测结果显示，最高砷浓度区在铁南村和黄圩子村 2 km 河段，其浓度为 0.4～0.7 mg/L，邳城闸上游水体中砷的平均浓度为 0.15～0.4 mg/L。

城河邳苍路桥以上至响水溜桥，河面平均宽度为 30～50 m，水深为 2～3 m，长度约 5 km，测算水量为 50 万 m^3 左右，监测站水质监测结果显示，水体中砷浓度在 0.1 mg/L 左右。

城河响水溜桥以上断面，如土楼、红圈、武河、沙沟河、黄泥沟等大部分水体已经达标，个别断面略有超标，测算水量为 50 万 m^3。

城河边界截流坝以上至林孟场截流坝之间的水体，砷含量已经达到Ⅲ类水质标准要求，测算水量为 15 万 m^3。

综合以上分析，城河截流区总水量约为 265 万 m^3，其中砷超标水体约为 250 万 m^3，各监测断面水体中砷浓度变化如图 5-2 所示。

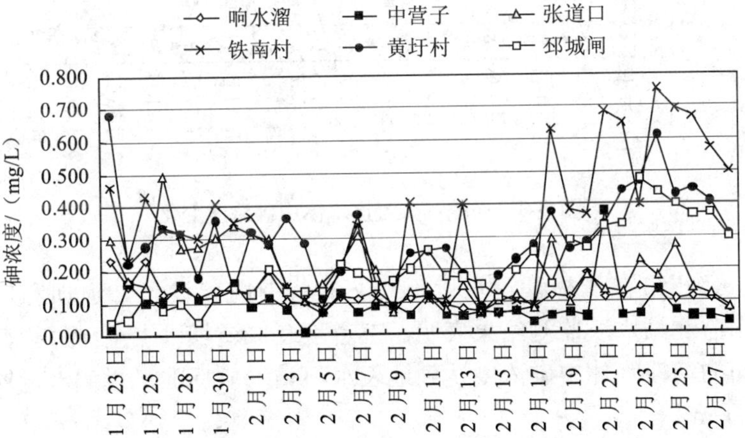

图 5-2　城河截流区水体中砷浓度变化

（2）东偏泓砷超标水体水质水量情况

根据临沂、邳州市水利部门提供的现场测量结果，东偏泓截流区草寺断面以上至依宿闸，河道长约 6 km，平均河宽为 30 m，平均水深为 3 m，测算水量为 60 万 m^3 左右。监测站水质监测结果显示，该部分水体中的砷浓度达到地表水III类水质标准。

东偏泓草寺桥以下至柳林截流坝之间河长约 4.5 km，河宽为 100～130 m，平均水深为 2～3 m，测算水量为 100 万 m^3。监测站水质监测结果显示，水体中砷浓度为 0.05～0.25 mg/L，其浓度变化如图 5-3 所示。

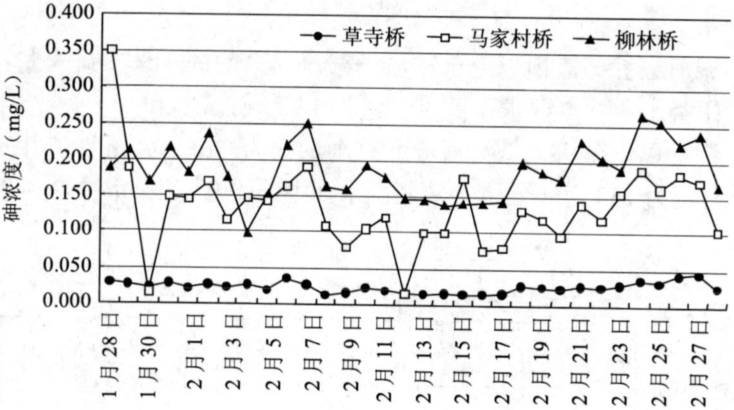

图 5-3　东偏泓截流区水体中砷浓度变化

邳州市在柳林截流坝以下 2 km 范围内建设了二道坝和三道坝。监测站水质监测结果表明，三道坝及二道坝以上至柳林拦截坝之间的河段水体中砷浓度达到地表水III类水质标准，拦截水量约有 40 万 m^3。

综上分析，东偏泓截流区总水量约 200 万 m^3，其中砷超标水体约有 100 万 m^3，砷的浓度为 0.05～0.25 mg/L。

（3）纲河砷超标水体水质水量情况

黄泥沟南部的纲河由于串流等原因而引起该河段水体中砷浓度超标，纲河水体中砷浓度为 0.1～0.5 mg/L，其浓度变化如图 5-4 所示。纲河污染水体河段总长约 16 km，平均水深为 3～5 m，河宽为 20～30 m，水量约 100 万 m^3。

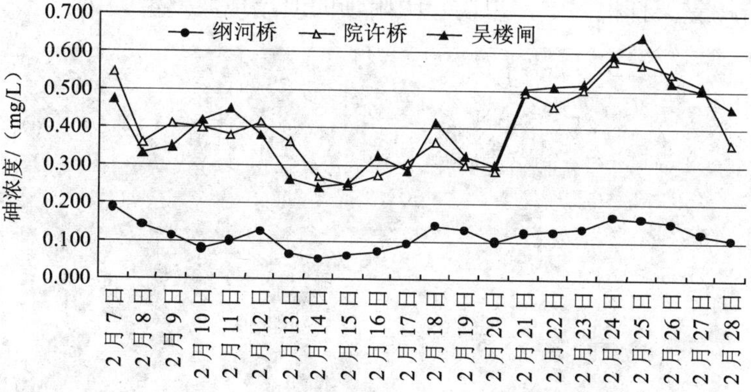

图 5-4　纲河截流区水体中砷浓度变化

5.4.1.4 工程目标与要求

根据国家环保部组织的第一次专家论证会意见，砷超标水体处理后的水质要达到地表水III类水质标准（即砷浓度＜0.05 mg/L），以确保该河段水质满足饮用水水源地、农灌、养殖等水质目标要求。

根据鲁南和苏北的气象规律，确定处理完成期限为汛期来临前（即 2009 年 4 月 25 日）。

5.4.2 应急处理工程方案设计与施工

5.4.2.1 城河及纲河截流区综合处置方案

将纲河的水通过邳城闸下游的翻水站打入城河，一起经过城河一级吸附坝与二级吸附坝进行处理。这种综合处置方案可以省去修筑纲河吸附坝所需的工程量（包括修筑围堰、抽水及修筑吸附坝等），同时将修筑纲河吸附坝的吸附剂用于修筑城河二级吸附坝，可以解决吸附剂供应量不足的困难。

城河一级吸附坝的设计参数（图 5-5）：坝体高为 3.5 m、顶宽为 60 m、底宽为 40 m、厚为 6.0 m，吸附剂的用量为 600 t。吸附坝前用透水土工布对水体悬浮物进行过滤，坝体上层堆积 2 m 高度的不透水沙土袋挡水以形成吸附坝上下游的水位差。坝体后部使用钢结构支架打桩固定，以防止吸附坝的溃塌现象发生。

图 5-5 城河一级吸附坝

城河二级吸附坝（图 5-6）：在城河邳城闸下游 700 m 处的桥下修筑二级吸附坝，主要是对工程运行后期一级吸附坝超标的低浓度出水再进一步处理，确保控制坝之前水体中的砷浓度达标。二级吸附坝坝体设计参数如下：坝高为 2.5 m（坝底高程 22 m，二级吸附坝坝顶高程 24.0 m），坝厚为 6 m，坝宽为 30 m，吸附剂用量为 240 t。在二级吸附坝的一侧开设宽 3 m 的导流沟，当一级吸附坝的出水达标时，水将不通过二级吸附坝而从导流沟直接流出。

图 5-6　城河二级吸附坝

5.4.2.2 东偏泓截流区处置方案

为了确保处理后的水质达标，在柳林坝利用现有的临时土坝挡水，在右岸滩地依托现状地形开挖一导流沟，在导流沟内修建吸附坝，并布置抽排水设施（图 5-7）。该吸附坝顶宽度为 35 m、底宽为 30 m、高为 3.0 m、厚为 3.5 m，吸附剂用量为 200 t。

图 5-7　东偏泓吸附坝

5.4.3 应急处置工程运行结果与分析

5.4.3.1 东偏泓截流区处置工程运行结果

东偏泓截流区一级吸附坝日处理能力为 3 万～5 万 m^3，柳林坝前的水体首先经过一级吸附坝处理后，浓度＜0.05 mg/L，达到达标排放要求。

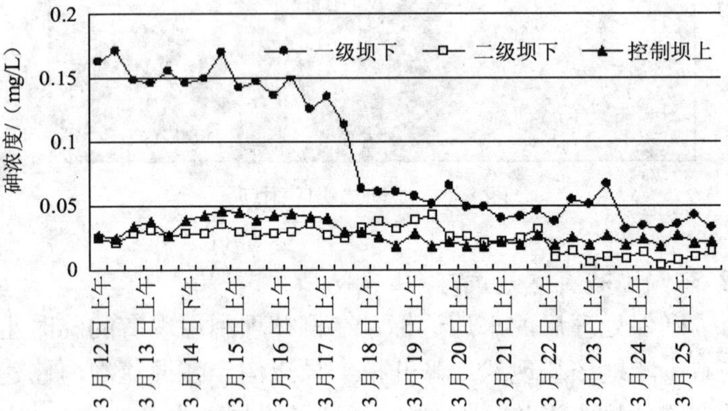

图 5-8 东偏泓截流区处置工程运行结果

根据东偏泓截流区水量（100 万 m^3 左右）、处理前水体中砷浓度分布（0.05～0.25 mg/L）及处理后水体中砷浓度（0.01～0.05 mg/L），可以计算出从水体中去除砷的总量为 66.4 kg。

5.4.3.2 城河及纲河截流区处置工程运行结果

城河一级吸附坝的日处理能力为 10 万～13 万 m^3，通过控制吸附坝坝前与坝后的水位差可以控制水通过吸附坝的流量。从 3 月 12 日至 4 月 10 日近 30 天时间内，除了有 4 个时间点的砷浓度超过 0.05 mg/L 之外，一级吸附坝的出水都小于 0.05 mg/L。这 4 个时间点的砷浓度超标主要是由于更换吸附坝的滤布或者是调节水位时没有控制好导致流量过大引起的。当一级吸附坝的出水超标时，立即启动二级吸附坝。从监测运行结果可知，在 4 月 11 日至 4 月 18 日一级吸附坝的出水超过 0.05 mg/L，但经过二级吸附坝处理后，控制坝前水体中砷的浓度小于 0.05 mg/L。

根据一级吸附坝坝前与坝后、控制坝前水体中砷浓度的平均值以及通过的水量，可以计算出一级与二级吸附坝所去除砷的总量。在整个运行周期内，一级吸附坝坝前水体中砷的平均浓度为 0.159 mg/L，一级吸附坝坝后水体中砷的平均浓度为 0.049 mg/L，控制坝前水体中砷的平均浓度为 0.033 mg/L，通过的水量约为 290 万 m^3，则通过一级吸附坝去除的砷总量为 319 kg，通过二级吸附坝去除的砷总量为 46.4 kg。

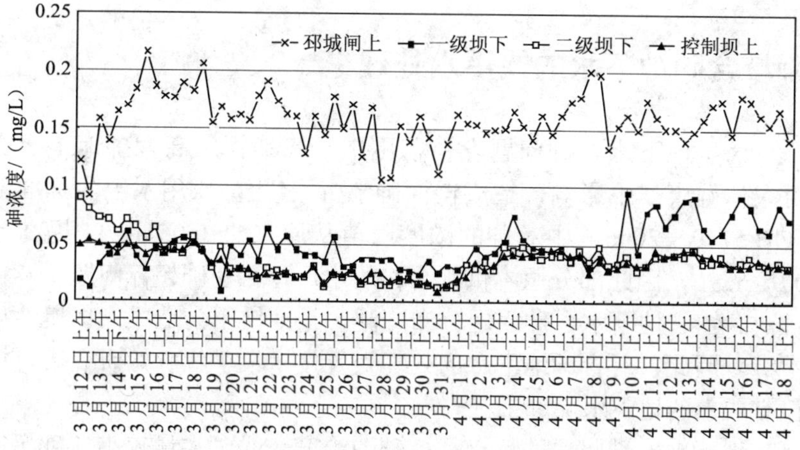

图 5-9　城河截流区处置工程运行结果

第六章　含砷地下水处理技术及案例

由于砷能与多种金属伴生，并且广泛存在于地质岩层中。在地下水侵蚀作用下，岩层中的砷可能溶入到地下水中，造成地下水砷超标。地下水砷超标问题在世界范围内广泛存在。我国的台湾、新疆奎屯等地区都存在地下水砷超标问题。

6.1 含砷地下水的饮用水处理

由于地下水含砷问题存在范围广，长期饮用高含砷地下水会对人体健康产生影响，造成慢性砷中毒。《生活饮用水卫生标准》（GB 5749—2006）中对砷的浓度限值从原来的 0.05 mg/L 提高到 0.01 mg/L，因此部分原本供水合格的水厂也存在砷超标问题，亟待解决。由于地下水含砷问题分布广泛，长期饮用会造成人体慢性砷中毒。因此，对含砷地下水的处理处置技术很早就开始研究，目前已有成熟的地下水除砷工艺。

地下水含砷问题的特点是：砷的浓度较低、水量较小，砷超标的问题长期存在。因此，目前发展的地下水除砷工艺主要以化学吸附法为主。其中最常用的主要有：利用活性氧化铝或改性吸附介质为主的化学吸附法；以阴离子交换树脂为主的离子交换法；此外，还可以通过投加铁盐，利用除铁过程协同除砷。

美国从 2001 年起，将饮用水水质标准中砷的浓度限值从 0.05 mg/L 提高到 0.01 mg/L，因此众多以地下水为水源的小型水厂存在出水砷超标问题。为此，美国环保署在各州针对当地情况，结合各类含砷地下水处理技术，建设了示范工程。下文主要以美国环保署含砷地下水的处理示范工程为例，介绍含砷地下水的除砷净水工艺[58，81]。

6.2 吸附法处理含砷地下水案例

6.2.1 选点简介

示范工程所在地为俄亥俄州的斯普林菲尔德（Springfield，OH），具有用户 226 户，人口 600 多。以两口岩层井地下水作为水源，分别命名为西井和东井。西井流量为 492 L/min，东井的流量为 341 L/min。两口井的直径都为 20 cm，初始深度都是 30.5 m，在 2001 年，东井加深至 67 m。初始的水处理工艺采用投加 12.5% 的次氯酸钠漂白粉进行氯化，投加聚磷酸盐作为多价螯合剂防止腐蚀和结垢。在安装砷处理系统以前，西井一般每天工作 5 h，产水 150 t。

从 2004 年 8 月 5 日起开始对西井取样，从 2004 年 9 月 9 日起开始从东井取样。两井的水质参数如表 6-1 所示。西井中的砷主要以砷（Ⅲ）形态存在，东井中砷（Ⅲ）、砷（Ⅴ）和颗粒态砷同时存在。西井的总砷浓度要远大于东井（西井总砷平均浓度约为 24.6 μg/L，东井总砷平均浓度约为 14.6 μg/L）。

表 6-1　斯普林菲尔德原水水质

参数	单位	西井	东井
pH		—	7.3
总碱度（以 $CaCO_3$ 计）	mg/L	319	343
硬度（以 $CaCO_3$ 计）	mg/L	381	291
氯化物	mg/L	14	1.4
氟化物	mg/L	1.5	0.8
硫酸盐	mg/L	27	15
硅酸盐（以 SiO_2 计）	mg/L	19.4	17.5
磷酸盐	mg/L	<0.10	<0.10
总砷	μg/L	24.6	14.6

参数	单位	西井	东井
颗粒砷	μg/L	0.3	5.7
砷（Ⅲ）	μg/L	24.7	6.1
砷（Ⅴ）	μg/L	<0.1	2.8
总铁	μg/L	1 615	636
总锰	μg/L	18.5	62.3
总钒	μg/L	0.2	0.41
总钠	mg/L	11.3	14.8

6.2.2 砷处理系统

砷处理系统由两部分组成，前一部分称为“AD-26”，预处理单元，后一部分称为“AD-33”，砷吸附处理单元。AD-26 预处理系统主要采用二氧化锰矿石作为滤料，用于氧化和过滤水中的铁和锰。原水经预处理系统过滤后进入砷的吸附处理单元。图 6-1 是整个处理的流程图，图 6-2 是预处理装置 AD-26 的装置图。

经过 AD-26 预处理后，出水以跌水形式进入砷吸附处理单元。砷吸附处理系统采用吸附床处理工艺，利用“Bayoxide E33”作为吸附剂，Bayoxide E33 是一种铁基的吸附介质。如果吸附滤料达到饱和就直接被替换并按要求做固体废物毒性浸出试验。预处理系统和吸附处理系统都利用三个碳钢压力容器，组装而成。表 6-2 列出了系统的主要设计参数和关键组成步骤。

进水口：原水从水井中抽出来，每隔一段时间东西井交换工作；

氯化工艺：用一套自动加氯机通过一段 10 cm 的 PVC 管来投加 12.5%的次氯酸钠溶液。多次尝试后，无法实现通过调节加氯系统控制余氯为 1.0 mg/L（以 Cl_2 计）。因此，采用测定出水口处的总氯和自由氯浓度来控制投氯量。

铁和锰的去除：经预氯化工艺处理后的水以 490 L/min 速度进入 AD-26 氧化/过滤系统。AD-26 是由三个直径 91 cm，深 152 cm 的不锈钢压力罐组成。每个过滤罐中填有相应滤料。

气液混合罐：经过滤处理后的水从 AD-26 系统进入气液混合

存储罐，每个罐能够存储水量为 2 m^3，三个罐体可以存储水量为 6 m^3。

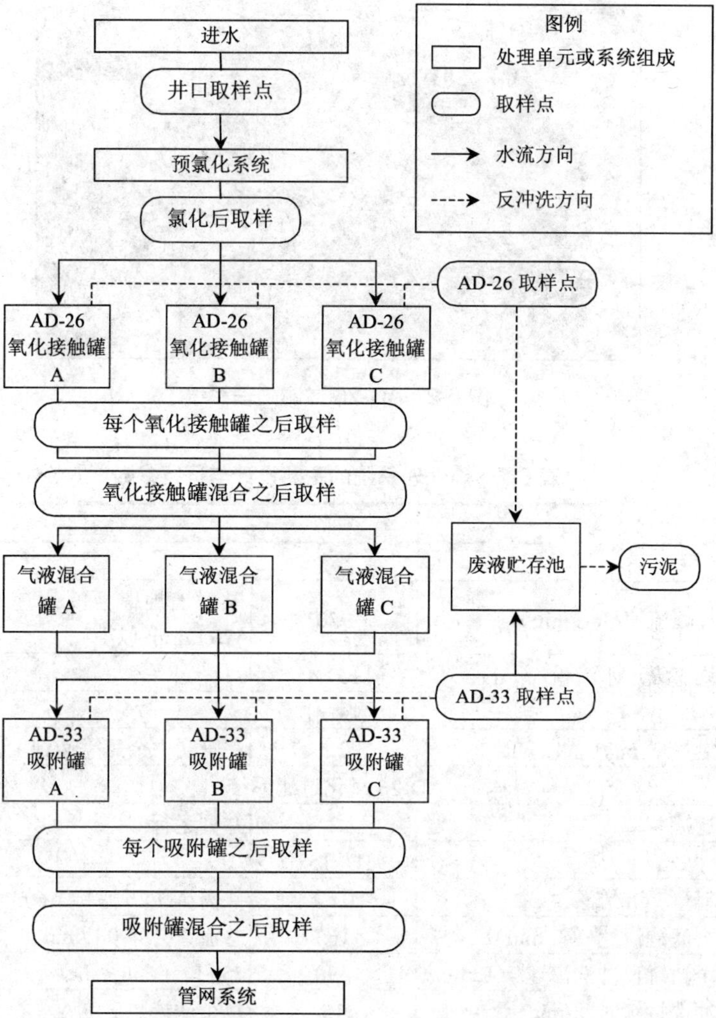

图 6-1　处理系统流程图及取样点布置

图 6-2 AD-26 过滤处理系统

表 6-2 砷处理系统的主要设计与运行参数

参数	数值	备注
流态参数		
设计峰流速/（L/min）	950	根据当地需要峰流速需要在 570 L/min 以上
平均每天过水流量/（t/d）	151.4	—
预氯化		
投氯量/（mg/L，以氯计）	2.5	在管网中余氯需达到 1.0 mg/L
AD-26 氧化过滤系统		
过滤罐	3	并列运行
尺寸/cm	91D×152H	—
滤料量/（m^3/罐）	0.54	共需 AD-26 滤料 1.6 m^3
每个滤罐流速/（L/min）	163	总流速为 490 L/min
每个滤罐反冲洗流速/（L/min）	490	750 L/（min・m^2）
反冲洗持续时间/min	15	每个滤罐
反冲洗周期/（次/周）	3	实际频率决定于系统操作过程
滤料寿命/a	4	每次由卖家提供
AD-33 吸附系统		
吸附罐数	3	并列运行

参数	数值	备注
吸附罐尺寸/cm	122D×152H	—
吸附剂含量/（m^3/罐）	1	共含有 3 m^3 AD-33（Bayoxide E33）吸附剂
吸附罐流速/（L/min）	根据需要调节	平均为 125 L/min
空床接触时间/（min/罐）	25.8	根据平均流量来定
反冲洗流速/（L/min）	480	470 L/（min • m^2）
反冲洗时间/min	15	每个吸附罐
反冲洗频率/（次/60 d）	1	实际频率决定于系统操作过程
面积负荷（BV）/d	47	基于日处理水量和过水面积计算
吸附能力（BV）	83 500	以出水浓度为 10 μg/L 作为穿透浓度来计
总处理水量/m^3	269 500	估算得到

砷吸附系统：水从存储罐中流入 AD-33 吸附处理单元。控制流速在 70～220 L/min 之间，平均流速为 125 L/min。

反冲洗：过滤系统和吸附系统都需要反冲洗，每个罐单独进行反冲洗，反冲洗水使用气液混合罐中的水。反冲洗的初液被储存在一个 23 m^3 的存储塘中，每周处理一次。

滤料替换：当 AD-33 吸附系统的滤料饱和失去吸附能力时，将会被移出处置并且会更新滤料。

为了能够精确控制氯的投加，因此这套吸附净化系统操作较为复杂。操作者需要通过控制面板的精确操作以定量投加氯。在一般情况下，操作者每天需要花大约 20 min 去检查并记录系统的控制参数。操作者每周或每月需要定期依照手册上的指示去调节系统。一般而言，系统操作过程只要能够对现有的供水设备进行调节即可，不需要其他技术。

系统运行过程中，唯一需要经常添加的化学药剂是次氯酸钠溶液，每周大约需要添加 57 L 的次氯酸钠到 284 L 的氯罐中。

6.2.3 系统运行情况

评价系统运行情况的主要指标有出水水样的水质、供水系统水质以及反冲洗水的水质情况。

砷的去除效率如图 6-3 所示，四幅柱状图分别表示取水口、预氯化系统处理、AD-26 过滤系统处理以及 AD-33 吸附系统处理后出水的总砷、颗粒砷、三价砷以及五价砷浓度。原水中总溶解态砷浓度大约 22.7 μg/L，其中三价砷为主约为 16.9 μg/L，五价砷和颗粒砷的浓度非常低，分别约为 1.7 μg/L 和 2.8 μg/L。

西井的总砷浓度大于东井的总砷浓度，两口井中砷的主要存在形态都是三价砷。另外测试过程中发现颗粒砷和颗粒铁都会在这一过程形成，可能原因是取样过程中有空气融入样品，氧化水中的铁。

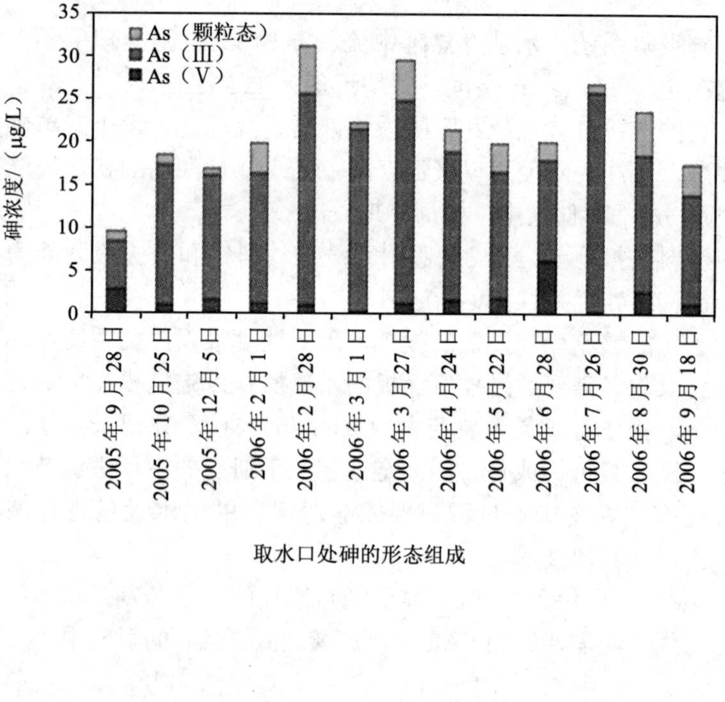

取水口处砷的形态组成

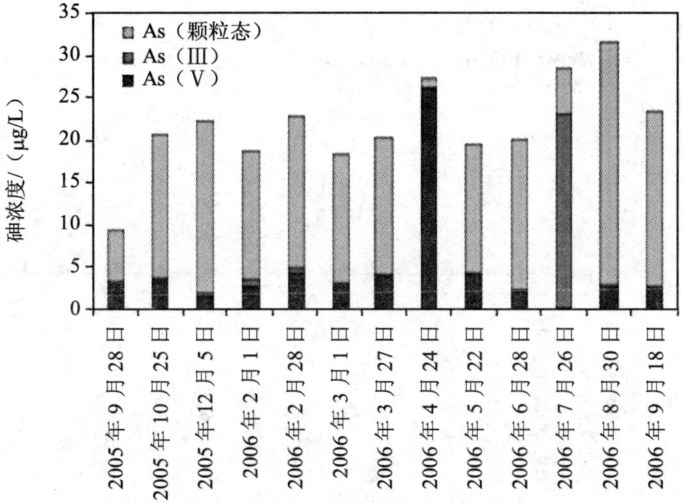

预氯化后砷的形态组成

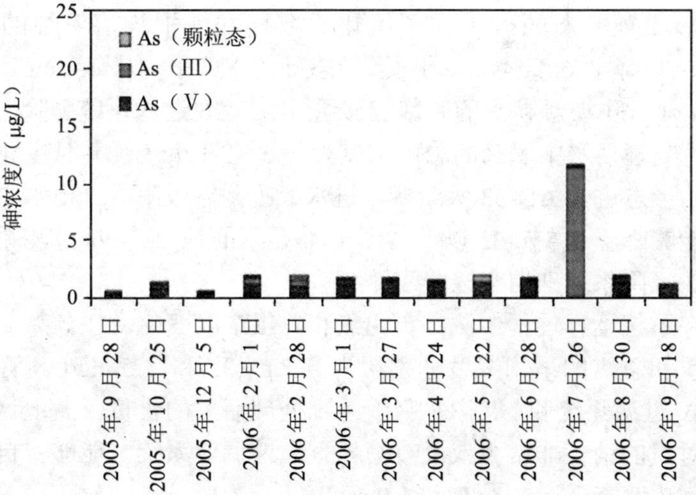

AD-26过滤后砷的形态组成

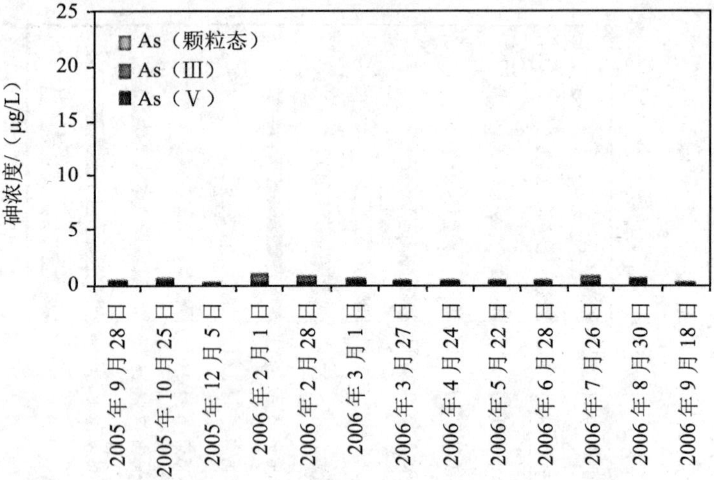

AD-33 吸附后砷的形态组成

图 6-3 处理流程不同位置处砷的形态与组成

氯能够高效地将三价砷氧化为五价砷，并且五价砷能和铁相互作用形成颗粒态的砷。在预氯化后取样发现平均溶解性的砷从 18.5 μg/L 降至 6.4 μg/L，同时颗粒态砷的浓度平均从 2.8 μg/L 升至 15.3 μg/L。主要颗粒态的砷都能够通过 AD-26 过滤系统去除，经过滤系统处理后水中剩余的总砷浓度为 0.5～2.1 μg/L，并且主要以五价砷的形态进入 AD-33 吸附罐。进水经吸附罐吸附后，出水中砷的浓度能够降至 0.5 μg/L 以下。图 6-4 显示的是 AD-26 过滤系统和 AD-33 吸附系统砷的穿透曲线。

在系统运行过程中测定自由氯和总氯浓度变化。在预氯化后，自由氯和总氯的平均浓度分别约为 1.7 mg/L 和 1.5 mg/L。测量经 AD-26 过滤系统和 AD-33 吸附系统处理后氯的含量，发现这两个系统对氯的消耗非常少或没有消耗。通过调节系统，能够将自由氯和总氯浓度降至 1.5 mg/L 和 1.0 mg/L。

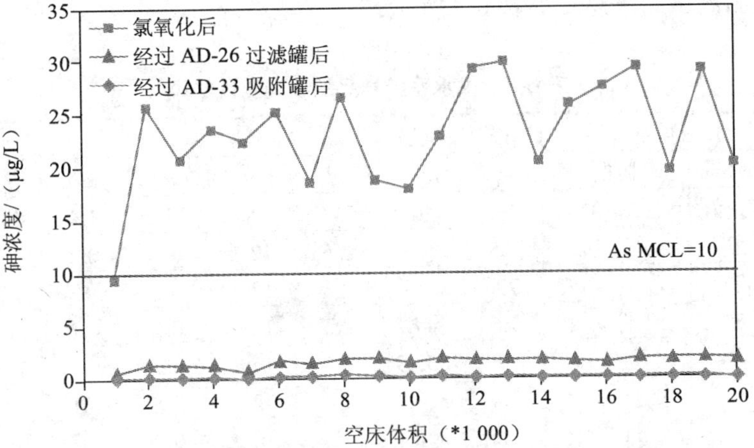

图 6-4　总砷的穿透曲线

铁的去除：原水中总铁浓度平均为 1 102 μg/L。在预氯化后铁的浓度大概为 1 171 μg/L。经过滤处理工艺处理后，铁的浓度能够降至检测线以下即 25～25.3 μg/L。经过吸附处理工艺处理后，铁的浓度将在检出限以下。因此反冲洗的频率定在三天一次是足够的。

锰离子的去除：总锰在原水中的浓度约为 35.6 μg/L，并且多以溶解态形式存在。在预氯化之后，大约有 70%的溶解态锰可能以 MnO_2 的形态被沉淀，这些都将在 AD-26 过滤系统中能够被去除，出水小于 0.7 μg/L。经过 AD-33 的吸附后，总锰浓度可降至 0.2 μg/L 以下。

其他水质参数：原水的 pH 为 6.9～7.5，pH 在经 AD-26 和 AD-33 处理工艺之后不变。碱度、总硬度、硫化物和硅酸盐在处理工艺之后也不会改变。氟化物的浓度也不受 AD-33 吸附系统的影响。所有样品的总磷浓度都是在检出限以下即小于 0.01 mg/L。

管网出水：在安装处理系统以前，从三个点取了水样作为管网出水水质的背景值，其中两个点是在居民家，另外一个是在公园俱乐部中。在安装处理系统之后，管网出水每月取一次，管网出水的样品测试结果总结如表 6-3 所示。

表 6-3 供水系统样品的平均测试结果

样品		pH	碱度	砷	铁	锰	铅	铜
编号	日期		mg/L	μg/L	μg/L	μg/L	μg/L	μg/L
背景值	04.05—07.05	7.4	346.8	23.7	1 359.8	15.2	1.4	401.1
1	10 月 6 日	7.5	349	2.5	12.5	0.1	0.2	6.7
2	11 月 5 日	7.8	289	2.3	12.5	0.1	0.2	67.4
3	12 月 5 日	7.5	347.7	2.3	12.5	0.1	0.2	64.5
4	1 月 5 日	7.4	353.3	2.3	17.7	0.3	1	106.9
5	2 月 5 日	7.4	329.3	1.6	12.5	0.1	0.1	37.8
6	3 月 5 日	7.6	340.7	1	12.5	0.1	0.7	65.4
7	4 月 5 日	7.5	333.3	1.1	27.8	0.4	0.9	55.1
8	5 月 5 日	7.5	331.7	1	12.5	0.2	0.3	45
9	6 月 5 日	7.4	330.7	1.3	12.5	0.1	1	79.6
10	7 月 5 日	7.4	342	1.1	12.5	0.2	1.2	67.7
11	8 月 5 日	7.4	331.3	1.3	17.1	0.2	1	35.8
12	9 月 5 日	7.5	348	1.3	12.5	0.1	1.2	79.4

在处理系统安装后，水质最显著的变化是砷、铁和锰的浓度降低。砷的背景浓度平均约为 23.7 μg/L，在系统运行之后，砷的浓度降可降至 1.6 μg/L。铁的背景浓度约为 1 359 μg/L，除了 7 号样，其他样品在系统运行之后浓度可降至检出限 25 μg/L 以下。锰的背景浓度约为 15.2 μg/L，在安装系统后，样品的浓度约为 0.2 μg/L。

铅的浓度平均在 0.1～5.2 μg/L，铜的浓度在 0.3～1 353 μg/L 和基线浓度一致，可见砷的吸附处理系统对铜和铅的处理效率较低。另外出水的 pH 的值大概为 7.5，碱度水平为 198～364 mg/L，可见砷处理系统也不会对出水水质参数有较大的影响。

反冲洗水：系统反冲洗使用 AD-26 过滤系统处理后的水，存储在气液混合罐中。第一个 AD-26 过滤罐每月取样 12 次，第二和第三个过滤罐分别在第一个罐后 11 次和后 8 次取样。反冲洗水的总溶解性固体浓度平均为 408 mg/L，总悬浮固体的浓度大概为

83.4 mg/L。有部分样品的总悬浮固体的浓度非常低，这主要原因可能是反冲洗水混合不均匀的结果。另外分析发现悬浮固体浓度较低时颗粒态砷、铁和锰的浓度也较低，这说明砷、铁和锰主要以颗粒态形式存在于反冲洗水中。

除了个别样品外，其他样品的总悬浮固体的浓度约为 83 mg/L。每次反冲洗水用量约为 23 m^3，大约 1.9 kg 的固体从 AD-26 过滤系统中被反冲洗出来。固体中含有的砷、铁和锰的含量分别为 0.009 kg、0.68 kg 以及 0.013 6 kg。即反冲洗水中颗粒态砷、颗粒态铁以及颗粒态锰的浓度分别为 450 μg/L、30 100 μg/L 以及 500 μg/L。

AD-33 吸附罐需要反冲洗四次，每次大概产生 23 m^3 的废水。在回顾整个系统操作后，吸附滤料不需要定期进行反冲洗，反冲洗的频率决定于系统的操作压力。对 AD-33 吸附系统的反冲洗没有取样。

6.2.4 结论

The Chateau Estates 示范工程证实了预氯化能够有效地氧化三价砷和二价铁离子，并且二者能够形成颗粒态砷被过滤去除。单独 AD-26 过滤系统就能够高效地将总砷浓度降至 2.5 μg/L 以下。在 13 次单独试验中有 9 次证明 85%～98%的锰能够在氯化过程中被氧化形成 MnO_2，以沉淀形式去除。AD-33 吸附系统能够进一步将砷的浓度从 2.1 μg/L 降至 0.5 μg/L 以下。

6.3 铁协同除砷法处理含砷地下水案例

6.3.1 选点简介

示范工程所在地为美国明尼苏达州的克莱马克斯（Climax，MN），供水范围为 264 名社区成员。水源为两口含水层掩埋在第四纪岩层的自流井。每口井深都是 43 m。西井供水能力为 530 L/min，东井供水能力为 610 L/min。两口井每月轮流供水以满足每天 40 m^3

需水量。在遇到火灾等紧急情况时两口井可同时使用，能够提供 1.1 m^3/min 的水量。原处理系统含有氯气消毒系统和加氟系统，目标是控制剩余氯浓度为 0.6 mg/L，氟浓度为 1.0 mg/L。

自 2003 年 7 月 30 日起对西井取样，进行原水水质分析，水质分析结果如表 6-4 所示。从表 6-4 即 2003 年 7 月 30 日的取样结果看，原水中 90%以上的总砷都是以三价砷形式存在，另外 10%以颗粒态砷形式存在。原水中的铁几乎都是溶解态形式存在。

根据处理系统的要求，只有溶解态铁的浓度为溶解性砷浓度 20 倍时，才能够实现通过形成铁盐沉淀物有效除砷。从 2003 年 7 月 30 日的取样测试结果看，溶解性铁的浓度大约为溶解性砷的 16 倍。因为自然条件下原水中铁、砷的比率和目标要求相近，因此在初始系统运行时不考虑额外投加铁盐。

表 6-4 克莱马克斯原水水质

参数	单位	数值
pH		7.4
总碱度（以 $CaCO_3$ 计）	mg/L	304
硬度（以 $CaCO_3$ 计）	mg/L	227.6
氯化物	mg/L	190
氟化物	mg/L	1.7
硫化物	mg/L	120
硅酸盐（以 SiO_2）	mg/L	27.3
磷酸盐（以 PO_4 计）	mg/L	＜0.10
总砷	μg/L	38.7
溶解性砷	μg/L	34.6
砷（Ⅲ）	μg/L	34.8
砷（Ⅴ）	μg/L	＜0.1
总铁	μg/L	546.3
总铝	μg/L	＜10
总锰	μg/L	128.3
总钒	μg/L	0.4

6.3.2 砷处理系统

克莱马克斯砷处理系统主要包括：预氯化系统、沉淀/吸附接触罐以及压力过滤罐三个部分。图 6-5 是整个处理系统的流程图和取样点分布图，图 6-6 是实际除砷装置图。其中过滤选用的是“Macrolite@”滤料，这是一种低密度、球形和化学惰性的陶瓷滤料，这种滤料能够实现快速过滤，滤速达到 400 L/（min·m^2）。这种滤料由 Kinatico 制造，并且经美国国家标准委员会审批可在饮用水处理工艺中应用。

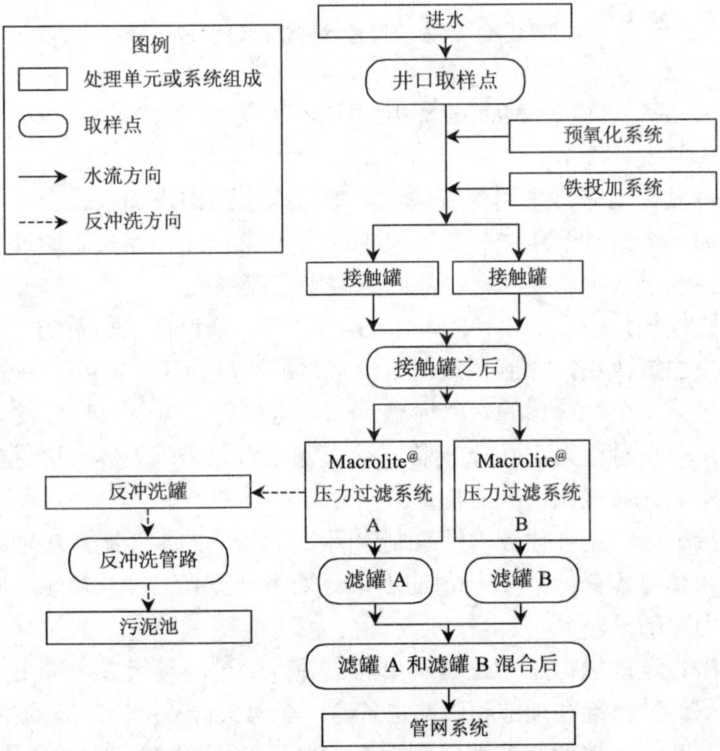

图 6-5　处理系统流程图及取样点布置

图 6-6 铁去除过程除砷法处理装置

表 6-5 总结了 Macrolite@压力过滤系统的主要流程、步骤和系统组成及设计细节。

预氯化工艺：采用次氯酸钠溶液，次氯酸钠投加系统由一个配药罐和一个蠕动泵组成，最大投加能力为 23 L/h。操作者通过测定处理系统出水中总氯和自由氯的浓度来控制系统。

铁投加系统：从 2005 年 1 月 3 日起，增设铁投加系统开始向水中投加氯化铁，控制预氯化后出水铁的浓度为 0.5 mg/L。铁投加系统包括一个 208 L 的聚乙烯罐，一个搅拌器，一个 10 L/h 的计量泵以及一个量程为 270 kg 的称量台。操作者只需每天读取称量台的数据就可计算氯化铁的消耗量。

接触罐：用强化玻璃纤维制成两个 1.3 m^3 的接触罐，接触罐的顶部和底部各有一个 15 cm 的出口。采用升流式，水从接触罐底部进，由顶部出。

压力过滤罐：压力过滤罐由两个并行的过滤罐组成，采用重力流过滤。过滤罐在顶部和底部也各有一个 15.4 cm 的出口，过滤罐被安装在一个聚亚胺酯镀层钢板上。Macrolite@滤料放在一个 3 cm 厚的石榴石上，并且在底部有一个不锈钢暗槽。

表 6-5　砷处理系统的主要设计与运行参数

参数	数值	备注
预加氯投加系统/[mg/L（以 Cl_2 计）]	1.2	根据管网水质中剩余氯浓度为 0.6 mg/L 的要求来调整投氯量
铁投加量/[mg/L（以 Fe 计）]	0.5	从 2005 年 3 月 5 日开始
接触罐数/罐	2	并列运行
接触罐尺寸/cm	100 D × 183 H	容积为 1.3 m^3
接触时间/（min/罐）	5	—
过滤罐数/罐	2	并列运行
过滤罐尺寸/cm	90 D×180 H	容积为 1 m^3
滤料量/（m^3/罐）	0.4	每个滤罐含有 60 cm 深含 40/60 网格的 Macrolite@滤料
滤速/[L/（min・m^2）]	407	—
压力衰减/kPa	100	穿越干净床
反冲洗初始压力/kPa	138	穿过过滤床
反冲洗前产水量/m^3	根据运行状况定	决定于控制系统设置的压力、产水时间以及预留量
反冲洗水力负荷/[L/（min・m^2）]	326～407	—
反冲洗持续时间/min	待定	决定于控制面板设置的最小和最大反冲洗时间（例如原厂家设置的为 7～15 min）
废水体积/m^3	由上述决定	同上
系统设计流速/（L/min）	530	为了防止超出滤料限度损坏系统，根据设计每个滤罐的出水不大于 265 L/min
日最高产水量/（m^3/d）	763	基于峰出水量，按每天 24 h 计算
水的利用率/%	52	按照每天最高用水量 400 m^3 估算

反冲洗操作：当过滤床压力增至 140 kPa 时或过滤床工作时间达到一定要求时，就会自动反冲洗。在反冲洗期间，滤床的水首先排干，之后用 689.5 kPa 的高压空气冲洗 2 min，经 5 min 沉淀后，

用已经处理过的水以 208 L/min 速度进行反冲洗，直到反冲洗出水的浊度在 6 度以下。每次只对一个滤罐进行反冲洗。反冲洗的废水先排入一个污水塘，之后进入生活污水管网。在反冲洗之后，经 5 min 稳定后，就可重新开始过滤。

Macrolite 处理系统可以在一个控制界面下完全自动操作。控制面板连接着各类仪器，用于监控系统的运行情况，监控参数包括每个滤罐的进出口压力，系统的流速、反冲洗的流速、反冲洗的浊度。反冲洗的浊度是由一台“哈希”高量程在线浊度仪测定。正常运行时，处理系统的所有主要功能都能够实现自动化，仅需要非常少的操作。因此在正常运行条件下，对系统操作的所有要求仅是观察处理过程是否完整并监控运行参数如压力、流速等。每天操作者需要大概 30 min 去检查系统并记录操作参数，此外操作者还需要定期清洁浊度仪，检测反冲洗操作流程是否完整并且偶尔维修设备。

6.3.3 系统运行情况

评价 Macrolite FM-236-AS 砷处理系统的运行情况主要基于以下指标：处理系统各点水样的水质、供水管网水样的水质以及反冲洗水的水质。在一年的示范期间内，对运行系统共取样 53 次（包括 4 次重复取样）。

砷的去除效率：图 6-7 记录了示范工程一年运行期间内，在处理系统各取样点的总砷浓度。原水的总砷浓度为 31.2～51.4 μg/L。从 2004 年 8 月 11 日到 2005 年 1 月 2 日，处理系统出水砷的浓度在 9.7～19.0 μg/L 之间，平均为 14.7 μg/L。为了解决自然状态下铁浓度的不足，导致使出水砷浓度高于水质标准的 10 μg/L 的问题。从 2005 年 1 月 3 日起，采用补投加铁溶液的方式，提高进水溶解态铁浓度。在额外投加铁后，处理后水的总砷浓度可降至 6.0～9.3 μg/L，平均为 7.4 μg/L。在整个研究期间再也没有砷的浓度高于 10 μg/L 的情况发生。

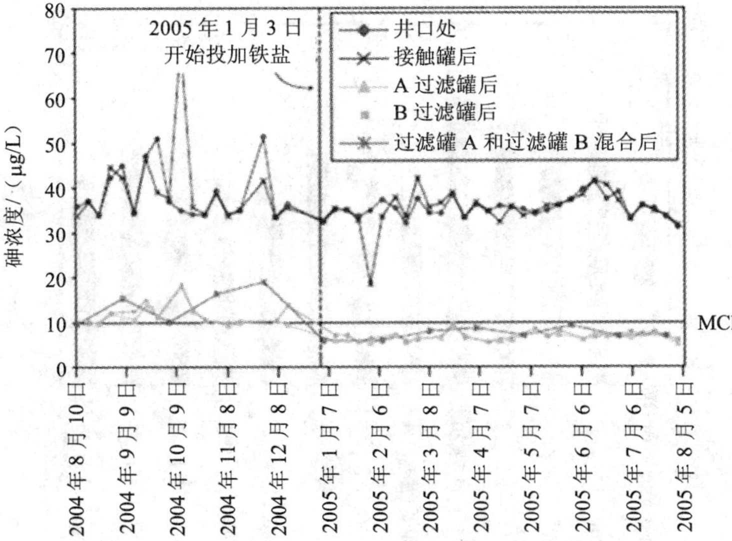

图 6-7　不同处理流程出水的总砷浓度

在预氯化和接触池之后，溶解部分砷的浓度平均降至 14.7 μg/L，颗粒部分为 24.1 μg/L。在溶解性砷中 12.2 μg/L 即占 83%为五价砷，这说明氯能够有效氧化三价砷到五价砷。绝大部分的颗粒砷都能够通过过滤过程去除。因为初始原水中铁的浓度较低，滤料出水中砷的浓度在 9.7～19.0 μg/L，平均为 14.1 μg/L（主要为溶解性砷），这高于水质标准中最高浓度限值的 10 μg/L。

在开始增加铁之后，接触池出水中颗粒砷平均为 23.4 μg/L，溶解态的砷大约为 11.7 μg/L，其中溶解性砷中五价砷为 83%。从滤料出水中总砷平均范围在 7.4 μg/L，其中 6.5 μg/L 约占 88%为溶解性的砷，处理后的水颗粒砷的浓度很低，在 0.1～2.4 μg/L，平均约为 0.9 μg/L。经过滤后出水中溶解性的砷也有所降低，可见残留在滤料里面的颗粒对五价砷还具有一定吸附去除能力。

图 6-8 给出了砷的形态分析结果。原水总砷浓度平均约为 36.5 μg/L，其中主要为溶解性砷。在溶解性砷中 35.8 μg/L 是三价砷，2.1 μg/L 是五价砷。

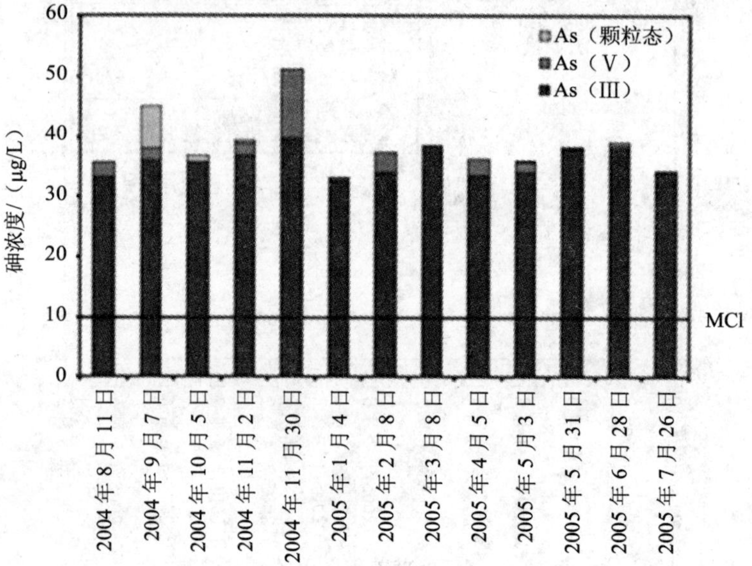

井口处砷的形态组成

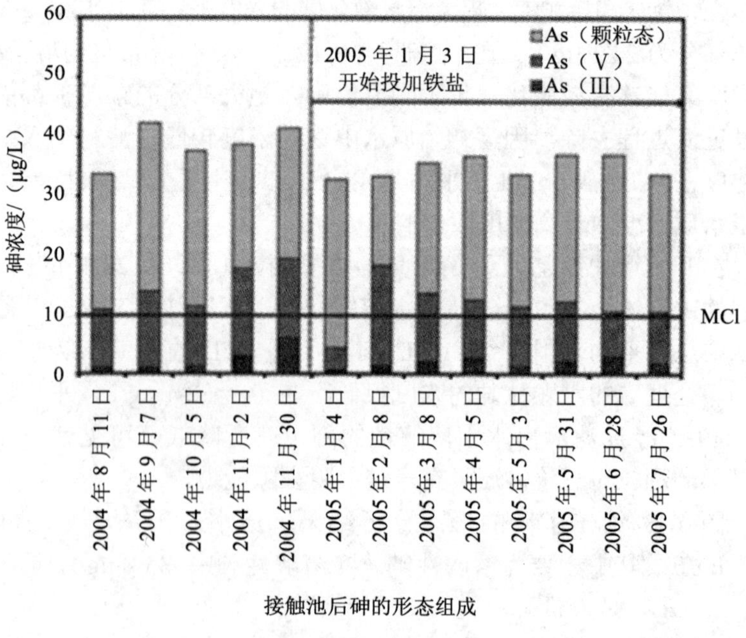

接触池后砷的形态组成

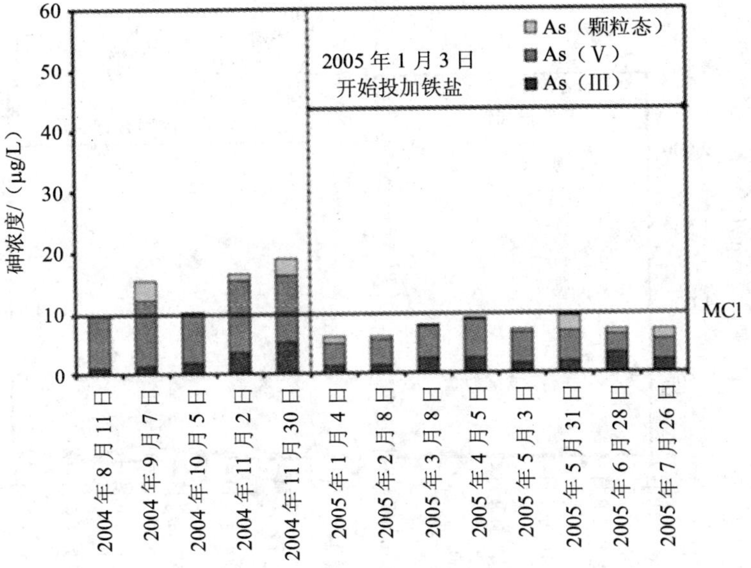

过滤后混合水中砷的形态组成

图 6-8　不同处理流程砷的形态与组成

铁的去除：图 6-9 给出了在试验研究期间，经系统处理后铁的浓度。原水中总铁浓度为 361～1 209 μg/L，平均为 540 μg/L。原水中的铁初始主要以溶解态形式存在，溶解态铁的浓度平均为 485 μg/L。原水中平均溶解性铁和溶解性砷的比值约为 13∶1，这与为高效除砷系统的要求比率 20∶1 低。在经过预氯化和接触池之后铁主要以颗粒态形式存在。

锰的去除：原水中的总锰浓度为 112～218 μg/L，最高可达 505 μg/L。在原水中溶解态锰的浓度为 112～145 μg/L。经预氯化和接触罐后，溶解态锰的浓度降至 59.0～89.1 μg/L，平均有 42%的溶解态锰以颗粒锰的形态沉淀。Macrolite@滤料不能够通过吸附去除二价锰，只有颗粒态的锰能够被过滤去除。处理后的水中残余有溶解态的锰，浓度为 55.5～91.5 μg/L。

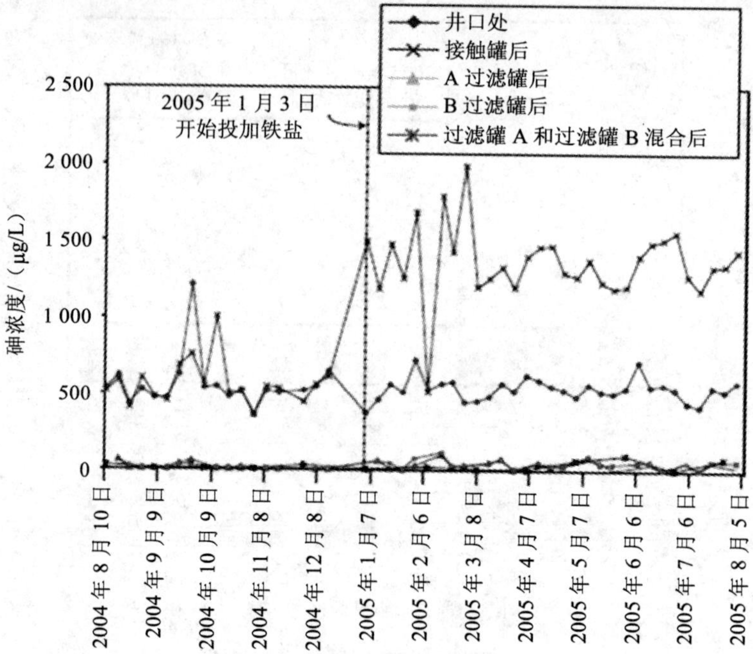

图 6-9 在不同处理流程总铁浓度

其他水质指标：在整个处理过程中溶解氧水平始终很低，平均为 1.3～1.7 mg/L，但是在投加氯后氧化还原电位明显升高。加氯以前氧化还原电位为–128～–63 mV，在加氯之后升高到 121～382 mV。原水和处理后的水的 pH 平均分别为 7.5 和 7.4，几乎保持不变。在整个处理过程中碱度平均为 313～326 mg/L（以 $CaCO_3$ 计）。总硬度（钙硬度和镁硬度之和）在整个处理过程中平均为 229～232 mg/L，其中钙硬度占主要成分。自由氯和总氯在接触池之后平均值分别为 0.9 mg/L 和 1.9 mg/L。Macrolit 过滤系统对氟化物的影响较小，在加氟工艺之后，氟化物平均浓度保持在 1.0 mg/L 左右。在整个处理工艺中，硫化物平均浓度为 121～123 mg/L，硅酸盐（以 SiO_2 计）浓度大约为 28 mg/L。

管网出水水质：管网系统取样显示在系统运行之后 pH 没有明

显改变。碱度原来为 198～331 mg/L，在系统运行之后变为 294～339 mg/L（以 $CaCO_3$ 计）。系统运行前，砷的基准浓度为 37.0 μg/L，和原水中砷的浓度基本保持一致。在系统运行后，在投加铁前，管网出水砷的浓度平均为 14.1 μg/L。在投加铁后，管网出水平均浓度约为 10.3 μg/L。系统运行后，在投加铁前管网中铁的浓度从基准平均的 286 μg/L 降至 43.2 μg/L；在投加铁后，浓度为 74.7 μg/L。从以上数据可以看到，管网中砷和铁的浓度都较系统出水的浓度高，这可能是砷和铁在管网中发生解吸、扰动、增容等原因。

在系统运行之后，管网中锰的浓度从基准的 65.6 μg/L 降至 33.8 μg/L，管网样品中总锰浓度低于出水的浓度。这可能是因为传输过程中二价锰进一步被氧化另外管网管壁的氧化物对锰有吸附作用。系统的运行对管网出水铅的浓度没有影响。铜的浓度在系统运行之后从原来的 155 mg/L 升至 266 mg/L。但是，处理系统并没有什么因素能够促使在输水过程中增加水中溶解铜的含量。

反冲洗：表 6-6 总结了反冲洗持续时间和反冲洗初始水质以及改进后反冲洗的初始水质。前后两个阶段的反冲洗速率大约为 190 L/min 即 285 L/（min・m^2），这比系统设计的反冲洗流速 325～407 L/（min・m^2）要低。

表 6-6　反冲洗参数总结

每个罐的反冲洗参数	最小值	中值	最大值
系统初始设定参数（2004 年 8 月 11 日—2005 年 1 月 14 日）[a]			
反冲洗持续时间/min	18	18	53 [c]
反冲洗水量/m^3	3	3.4	10 [c]
系统改进之后参数（2005 年 1 月 14 日—2005 年 8 月 12 日）[b]			
反冲洗持续时间/min	5	10	306 [c]
反冲洗水量/m^3	0.95	1.9	58 [c]

注：(a) 反冲洗次数：A 罐 70 次；B 罐 71 次；
(b) 反冲洗次数：A 罐 119 次；B 罐 115 次（不包括因为设备故障引起的多次连续反冲洗）；
(c) 在同一天中因反冲洗控制故障，引起多次连续反冲洗。

表 6-7 总结了 12 次反冲洗取样分析的结果。在加铁之前，反冲洗水中溶解性砷和溶解性铁的浓度分别为 16.0 μg/L 和 21.0 μg/L。在加铁之后，溶解性砷浓度降至平均为 8.4 μg/L，溶解性铁的浓度升至平均 75.4 μg/L。在加铁之后，反冲洗水中溶解性铁的浓度升高是因为反冲洗水中整个铁平衡体系的浓度都升高了。溶解性砷的浓度降低是因为砷多数被吸附在颗粒态的铁中。在 2005 年 11 月 15 日进行的最后取样中发现，分别测定总悬浮固体浓度、总砷、总铁和总锰浓度。结果显示，在反冲洗水中总铁浓度为 74.2～97.6 mg/L，总砷浓度为 1.42～1.85 mg/L。反冲洗水中总悬浮固体浓度在 188～278 mg/L。

表 6-7 反冲洗水水样分析结果

参数	单位	值的类型	投加铁前	投加铁后
pH		最小值	7.1	7.3
		最大值	7.9	7.6
		平均值	7.6	7.5
浊度	NTU	最小值	7.6	14
		最大值	60	140
		平均值	41.6	93.4
总溶解固体	mg/L	最小值	758	646
		最大值	990	940
		平均值	840	786
溶解性砷	μg/L	最小值	12.3	6.4
		最大值	21.6	25.6
		平均值	16	10.5
溶解性铁	μg/L	最小值	＜25	25.7
		最大值	39.9	771
		平均值	21	164.3
溶解性锰	μg/L	最小值	24.9	65.6
		最大值	413	118
		平均值	119.65	79.6

对反冲洗固体做毒性特性浸出实验，结果显示浸出液中砷的浓度没有检出，铬、镉、铅、汞、硒的浓度也都在检出限以下，只有钡的浓度能够检出，为 0.189～0.231 mg/L，这远低于 EPA 毒性浸出对钡的限值 100 mg/L。

6.3.4 结论

The Climax，MN 示范工程证实了铁去除法是一种有效的除砷途径。另外，当水源水中铁的浓度不足以达到除砷要求时，可以在预氧化后投加三价铁的化合物，以提高水中三价铁浓度，保证对砷的去除率。原水中铁的去除有利于改善管网中的水质状况并且能够减少反冲洗频率。

6.4 含砷地下水处理处置技术总结

（1）含砷地下水具有水量小、含砷浓度低、使用周期长、要求效果好等特点。因此目前对于含砷地下水主要采用化学吸附法进行处理处置。应用于含砷地下水的化学吸附法主要有活性氧化铝吸附、铁基吸附剂吸附、离子交换等。

（2）活性氧化铝在水处理中有较长应用历史，被广泛应用于含氟、含砷地下水的处理，是目前最为成熟的化学吸附技术之一。活性氧化铝处理含砷地下水主要存在问题是吸附容量低，容易穿透。活性氧化铝在使用过程中还需要特别注意其他阴离子的竞争吸附。

（3）铁基吸附剂主要利用铁对砷的吸附能力来提高净水效果。铁基吸附剂在除砷过程中具有出水效果好，吸附容量高等优点。但铁基吸附材料造价昂贵，并且一般不能够再生，这限制了它的使用。

（4）离子交换法也有较大的应用范围，常被应用于降低饮用水中的硬度和碱度，工艺较为成熟。

第七章　地表水源的饮用水净水除砷技术及案例

7.1 地表水源的饮用水净水除砷技术

对于含砷的地表水源，饮用水除砷处理主要采用预氧化—铁盐混凝沉淀法，处理后出水可以满足饮用水砷含量小于 0.01 mg/L 的要求。

铁盐混凝法的除砷的主要机理是，含氢氧化铁的矾花絮体可以通过吸附作用吸附水中的五价砷化合物。因混凝沉淀法对亚砷酸的去除效果较差，需要先投加氧化剂，通常用氯，将三价砷氧化成五价砷，然后再用铁盐混凝法沉淀去除。三价砷很容易被氧化为五价砷，预氯化一般在 1 分钟之内就可以完成反应。对于地表水的突发性砷污染事件，由于时间紧迫，一般缺少水源水中砷的存在形态的分析结果，为了确保除砷效果，应采用预氯化，把可能存在的三价砷先氧化成五价砷，然后再进行铁盐混凝处理。

铝盐的混凝除砷效果不如铁盐，因此在应对含砷地表水时一般不采用铝盐混凝剂。

含砷的地表水源的饮用水应急除砷工艺要点是：

（1）为了确保对各种价态的砷的去除效果，建议在混凝之前采用预氯化。

（2）混凝剂采用三氯化铁或聚合硫酸铁等铁盐混凝剂；铝盐混凝剂的效果较差，一般不采用。

（3）为了强化除砷效果，混凝剂投加量应高于正常的混凝处理，并应注意加强过滤处理，尽可能降低出水浊度，提高对砷的截留效果。

7.2 贵州省都柳江砷污染事件应急处理案例

7.2.1 事件背景和原水水质情况

2007 年 12 月，由于贵州省黔南布依族苗族自治州独山县一硫酸厂在生产过程中非法使用含砷量严重超标的高含砷硫铁矿，大量含砷废水流入都柳江上游河道，造成独山县基长镇盘林村等十余名村民轻微中毒，并造成下游三都水族自治县县城（地处污染点下游 70 多 km 处）及沿河乡镇 2 万多人生活饮水困难。经环境监测部门和疾病控制中心检测，都柳江河水砷浓度大大超过相关水质标准要求。从 12 月 25 日起，采用都柳江水源的三都县县城水厂停止从都柳江取水，改用备用水源，但产水量大大下降，从原来的每日供水 4 000 m^3 降至 300 m^3。虽然黔南州和三都县采取了多项应急措施，包括从州里和邻近县调集消防水车从山区泉眼溪流每天取水数百吨送至水厂和居民区，但仍远远不能满足当地居民的基本生活需要。

应当地的邀请，清华大学张晓健教授等人于 2008 年 1 月 2 日赶赴现场指挥应急供水工作，经过 3 天多的紧张工作，在现场建立了预氧化－铁盐混凝沉淀的应急除砷净水工艺，于 1 月 6 日正式恢复了县城供水，在我国首次成功开展了水源突发砷污染条件下的应急供水工作。

贵州都柳江砷污染事件引起了国家领导和各级政府部门的高度重视，1 月 5 日和 6 日，温家宝总理、曾培炎副总理做出重要批示，要求抓紧解决群众的生活饮水问题。1 月 6 日原国家环保总局周生贤局长要求立即派出工作组赴贵州，共同研究应对措施。1 月 7 日，国家环保总局工作组到达现场，对三都县恢复供水给予了高度评价。

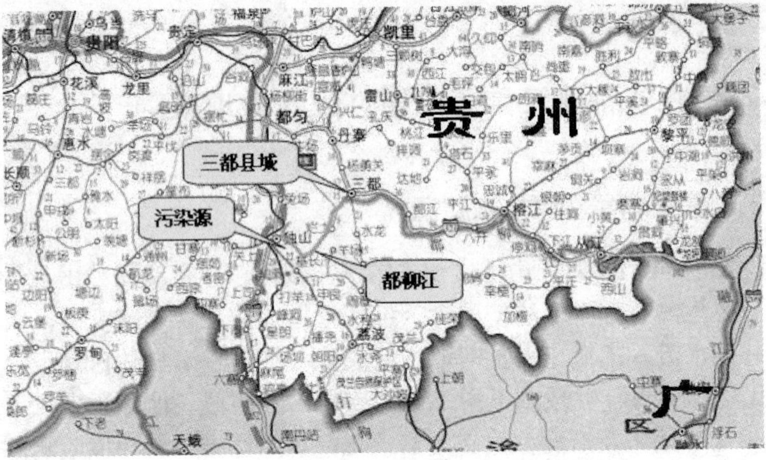

图 7-1　都柳江砷污染事件地理位置

图 7-2　都柳江三都县县城河段

（取水泵站处，面向下游，净水厂位于右方山包上）

图 7-3　临时调用消防车运山泉水，供三都县县城与沿江居民生活饮用

7.2.2 应急技术原理和工艺路线

根据课题组的砷污染应急处理技术方案和现场小试与生产性运行结果，三都县县城水厂应急除砷净水工艺的主要控制条件与参数确定为：

（1）铁盐混凝剂的加药量

聚合硫酸铁的加药量为 10 mg/L（以铁计）。此剂量大约为常规混凝处理的 1.5～2 倍，通过强化混凝，提高除砷效果。

（2）预氯化的加氯量

该水厂采用二氧化氯消毒。根据现场运行结果，应控制沉后水的余氯在 0.5 mg/L 以上（以 Cl_2 计，下同），运行中预氯化的加氯量按预加氯后配水井出水余氯量在 1.5 mg/L 左右进行控制。

（3）运行条件控制

铁盐混凝剂除砷的适宜 pH 范围是 6.5～8.5。较高混凝剂投加量会使水的 pH 显著下降。现场水源水的 pH 在 8.0～8.4，实际测定运行中沉后水和滤后水的 pH 在 7.0～7.5，符合要求，不用进行 pH 调节。

由于处理中砷已被转化为不溶物附着在矾花絮体上，必须严格控制滤后水的浊度。如混凝过滤运行不好，出水浊度偏高，则砷浓度也难以满足要求。实际运行中滤后水浊度在 0.1～0.2 NTU，可满足除砷要求。

以上工艺参数适用于水源水砷含量小于 0.5 mg/L 的应急处理，即水源水砷含量在按地表水标准的 10 倍或饮用水标准的 50 倍以内。对于水源水砷浓度超过 0.5 mg/L 的应急处理，可以再适当增加混凝剂投加量或投加其他除砷吸附剂。当水源水砷含量降低到接近饮用水标准时，则可逐步恢复水厂原有运行工艺。

此次都柳江砷污染事件中，由于环保部门为控制砷污染，在上游河道中投撒了石灰，有效地降低了水中的砷含量，但由于投撒不均匀，水中砷浓度波动较大。课题组到达三都县时河中的砷污染峰最高点已经通过了三都县城断面，官塘电站处（水厂取水口处）监测砷的最高值出现在 1 月 1 日上午，浓度 0.565 mg/L。1 月 3 日以后，三都县县城水厂的水源水砷浓度在 0.2～0.05 mg/L 波动，并随着时间延长而逐渐降低，因此以上除砷处理工艺及其控制参数可以满足三都县应急供水的要求。

7.2.3 应急技术实施要点

三都县县城水厂于 2006 年建成，规模 1 万 m^3/d。水厂以都柳江为水源，由取水泵房从官塘电站前池取水，输送到县城水厂进行处理。水厂净水工艺为常规工艺，采用聚氯化铝混凝剂，二氧化氯消毒（采用复合型二氧化氯发生器），加氯点在滤池出水进清水池处，水厂没有预氯化设施。水厂处理设施从配水井后分为两个独立的系列，可以分开运行。

在本次应急处理中，把该水厂一个系列的净水设施改为应急除砷工艺，另一个系列仍采用尧人山应急水源，采用原常规处理工艺运行，以保证在水厂设备应急改造期间保持供水。三都县县城水厂经改造后的除砷净水工艺见图 7-4，与常规净水工艺相比较，并无大的改动。

图 7-4 三都县县城水厂除砷净水工艺

该厂除砷净水处理主要运行控制参数为：

（1）根据县城每天需水量约 4 000 m^3 的要求，确定处理水流量控制在 170 m^3/h，此处理流量约为设计负荷的 80%；

（2）混凝剂选用固体聚合硫酸铁（铁含量≥18.5%），投加剂量商品重 54 mg/L（以铁计为 10 mg/L）；

（3）二氧化氯预氯化投加量按加氯后配水井出水余氯约为 1.5 mg/L 控制，在此条件下，滤后水仍有少量余氯；

（4）滤后水的二氧化氯投加量按保证出厂水余氯大于 0.5 mg/L，一般在 1.0 mg/L 左右进行控制；

（5）无阀滤池按自动反冲洗方式运行，但由于 2 个滤间中有 1 个滤间的水力控制自动反冲洗设备有问题，把其滤程定为 1 天，到时手动启动反冲洗，以保证出水浊度控制；

（6）沉淀池每天排泥 1 次，排泥水直接排入河道。因水厂没有污泥处理设施，如就地进行污泥除砷处置难度较大，存在问题较多，故未进行污泥处理。

7.2.4 应急处理进程与运行效果

2007 年 12 月 29 日，清华大学张晓健教授接到贵州省黔南自治州的求助电话，开始进行应急技术准备。

12 月 30 日，要求当地水厂准备铁盐混凝剂。因本地无货，水厂到外省购买，于 1 月 2 日中午运达水厂。

2008 年 1 月 1 日，课题组在清华讨论应急处理方案，准备现场试验所需的设备与仪器。

1 月 2 日早 6 点，清华大学张晓健、陈超、李勇一行三人携带试验设备和便携式检测仪器赶赴现场。下午 16 时到达三都县现场后，立即了解情况，对当地水厂进行调研，了解水厂的工艺和运行情况，落实现场试验的地点和条件。当晚 21 时县里组织召开应急供水指挥小组会议，课题组介绍了应急除砷的基本原理，并提出了水厂工程改造方案。会后三都县政府、水利局、环保局、疾控中心等相关部门立即组织落实。

1 月 3 日，第一批现场试验取得成功。在水源水浓度为 0.086 mg/L（超出饮用水标准 7.6 倍）的情况下，试验出水为 0.005 mg/L（饮用水标准限值的 50%），初步确定了工艺参数。与此同时，水厂改造工作紧张进行，包括更换水厂进水管（源水管与尧人山备用水源管的分离）、加装进水管电磁流量计（控制处理流量）、更换混凝剂、增加预氯化加氯点（安装加氯管与加氯泵）等。

1 月 4 日，第二批现场试验取得成功。在水源水浓度为 0.057 mg/L（超出饮用水标准 4.7 倍）的情况下，试验出水为 0.003 mg/L（饮用水标准限值的 30%）。当日下午水厂改造工作基本完成，水厂从 17 时开始进水，进行生产性试运行，处理后的自来水从清水池放空阀暂时排放，不进入供水管网系统。

1 月 5 日，继续完善水厂应急处理设备，稳定运行，对处理后出水进行水质监测。

1 月 6 日，经过州、县两级疾控中心 1 月 5 日和 1 月 6 日 3 次取样监测，在水源水含砷量仍然超标数倍的情况下，水厂处理后出水达到国家饮用水标准，并留有安全余量。砷浓度监测结果为：1 月 5 日上午 10 时，水源水 0.031 mg/L，滤后水未检出；1 月 5 日 20 时，水源水 0.183 mg/L，滤后水 0.004 8 mg/L（州疾控中心检测结果 0.004 9 mg/L，县疾控中心检测结果 0.004 7 mg/L）；1 月 6 日 11 时，水源水 0.152 mg/L，滤后水 0.002 5 mg/L，清水池两个测定点的砷含量也都低于国标限值。三都县县委县政府决定从 1 月 6 日 15 时起县城恢复正常供水，困扰当地群众十多天的供水危机解除，应急除砷供水取得成功。课题组在对水厂进行技术培训后于 1 月 8 日早撤离三都县。

水厂改造

清华大学研究人员与县疾控中心共同取样

图 7-5　三都水厂应急除砷现场工作情况

水厂恢复运行后的砷去除情况见表 7-1。随着时间的推移，水源水中砷的浓度逐渐降低，至 1 月中旬砷含量达到了地表水环境质量标准，但仍超过饮用水标准。三都县县城水厂一直按除砷工艺运行，其中大多数情况下运行正常，水厂出水砷达标。1 月 8 日县疾控中心又对水厂出水和卫生局处的管网末梢水采样，做了较全面的水质分析监测，各检测 29 个项目，结果全部达标。但是在 1 月 11 和 12 日，出现了水厂出水砷超标的问题，在砷超标监测结果反馈到水厂后，通过加强管理，确保药剂稳定投加后，处理效果恢复正常。此问题也说明，由于饮用水新国标对砷的控制极为严格，即使采用了应急除砷工艺，水厂的运行管理也十分重要，必须加强管理，严格控制，才能实现稳定达标的要求。

表 7-1 三都县县城水厂恢复运行后砷测定数据表 单位：mg/L

日期	水源水（官塘电站前池）	滤后水	清水池进口	清水池出水	管网末梢水（交警队）	管网末梢水（老车站）	管网末梢水（卫生局）
1 月 5 日	0.183	0.004 8					
1 月 6 日	0.152	0.002 5	＜0.01	＜0.01			
1 月 7 日	0.114	0.004 3	0.004 3	0.007 4	0.003 6	0.003 6	0.009
1 月 8 日	0.042	0.007	0.007	0.007	0.007	0.007	0.007
1 月 9 日	0.048	＜0.01	＜0.01	＜0.01	0.001	0.000 5	0.008
1 月 10 日	0.067	0.008 9	0.007	0.008 9	0.007	0.007	0.009 7
1 月 11 日	0.060	0.010	0.008 9	0.014	0.008 2	0.008 2	0.010
1 月 12 日	0.060	0.014 6	0.005 5	0.016 9	0.013	0.009 3	0.010
1 月 13 日	0.051	0.010	0.012	＜0.01	＜0.01	＜0.01	0.011
1 月 14 日	0.038	＜0.01	＜0.01	＜0.01	＜0.01	＜0.01	＜0.01
1 月 15 日	0.031	＜0.01	＜0.01	＜0.01	＜0.01	＜0.01	＜0.01
1 月 16 日	0.022	＜0.01	＜0.01	＜0.01	＜0.01	＜0.01	＜0.01
1 月 17 日	0.026	＜0.01	＜0.01	＜0.01	＜0.01	＜0.01	＜0.01
1 月 18 日	0.021	＜0.01	＜0.01	＜0.01	＜0.01	＜0.01	＜0.01
1 月 19 日	0.022	＜0.01	＜0.01	＜0.01	＜0.01	＜0.01	＜0.01
1 月 20 日	0.024	＜0.01	＜0.01	＜0.01	＜0.01	＜0.01	＜0.01
1 月 21 日	0.015	＜0.01	＜0.01	＜0.01	＜0.01	＜0.01	＜0.01
1 月 22 日	0.018	＜0.01	＜0.01	＜0.01	＜0.01	＜0.01	＜0.01
1 月 23 日	0.017	＜0.01	＜0.01	＜0.01	＜0.01	＜0.01	＜0.01
1 月 24 日	0.015	＜0.01	＜0.01	＜0.01	＜0.01	＜0.01	＜0.01

此次事件中的砷检测工作由三都县疾病预防控制中心承担，所采用的检测方法为《生活饮用水标准检验方法》（GB/T 5750—2006）中检测砷的二乙氨基二硫代甲酸银分光光度法。该法最低检测砷质量为 0.5 μg，检测时一般取 50 mL 水样，相应的最低检测浓度为 0.01 mg/L。由于该检出限与饮用水标准相同，为了判断处理后的水质是否留有安全余量，检测中个别水样采用了 2 倍的水样容积和药剂用量，以降低检测下限。

参考文献

[1] 冯树屏. 砷的分析化学[M]. 北京：中国环境科学出版社，1986.

[2] 王连方. 地方性砷中毒与乌脚病[M]. 乌鲁木齐：新疆科技卫生出版社，1997.

[3] 马世昌. 化学物质辞典[M]. 西安：陕西科学技术出版社，1999.

[4] 刘英俊，曹励明，李兆磷，等. 元素地球化学[M]. 北京：科学出版社，1984.

[5] 王华东，郝春曦，王建，等. 环境中的砷——行为·影响·控制[M]. 北京：中国环境科学出版社，1992.

[6] Drahota P，Filippi M. Secondary arsenic minerals in the environment：A review[J]. Environment International，2009，35（8）：1243-1255.

[7] Arsenic in Drinking-water. WHO/SDE/WSH/03.04/75[R]. WHO，2003.

[8] 金赞芳，陈英旭，柯强，等. 运河和西湖底泥砷的吸附及形态分析[J]. 浙江大学学报（农业与生命科学版），2001（6）.

[9] 张学林，王金达，王文军，等. 环境中砷的分布及其对健康的危害[J]. 中国地方病防治杂志，1998（5）.

[10] Jain C K，Ali I. Arsenic：Occurrence，Toxicity and Speciation Techniques[J]. Water research，2000，34（17）：4304-4312.

[11] K P，Westerhoff，Benn T M，et al. Assessing Arsenic Removal by Metal（Hydr）Oxide Adsorptive Media Using Rapid Small Scale Column Tests，EPA/600/R-08/051[R]. EPA，2008.

[12] 项斯芬，严宣申，曹庭礼，等. 氮、磷、砷分族[M]. 北京：科学出版社，1998.

[13] Wang S，Mulligan C N. Occurrence of arsenic contamination in Canada：Sources，behavior and distribution[J]. Science of the Total Environment，2006（366）：701-721.

[14] Lowry J D，Lowry S B. Oxidation of As（Ⅲ）by Aeration and Storage，EPA/600/R-01/102[R]. EPA，2002.

[15] 张雪霞，贾永锋，潘蓉蓉，等. 微生物作用引起的铁铝氢氧化物吸附砷的还原与释放机制研究[J]. 环境科学，2009（3）.

[16] Bhattacharya P，Welch A H，Stollenwerk K G，et al. Arsenic in the environment：Biology and Chemistry[J]. Science of The Total Environment，2007，379（2-3）：109-120.

[17] Blute N K，Jay J A，Swartz C H，et al. Aqueous and solid phase arsenic speciation in the sediments of a contaminated wetland and riverbed[J]. Applied Geochemistry，2009，24（2）：346-358.

[18] 魏俊发. 兰氏化学手册[G]. 北京：科学出版社，2003.

[19] Ghurye G，Clifford D. Laboratory Study on the Oxidation of Arsenic III to Arsenic V，EPA/600/R-01/021[R]. EPA，2001.

[20] Sharma V K，Sohn M. Aquatic arsenic：Toxicity，speciation，transformations，and remediation[J]. Environment International，2009，35（4）：743-759.

[21] Hossain M F. Arsenic contamination in Bangladesh——An overview[J]. Agriculture，Ecosystems & Environment，2006，113（1-4）：1-16.

[22] 张爱华. 砷与健康[G]. 北京：科学出版社，2008.

[23] 联合国环境规划署，国际劳工组织，世界卫生组织，等. 砷的环境卫生标准[G]. 北京：人民卫生出版社，1985.

[24] 赵引玲. 砷中毒的机理及治疗[J]. 陕西中医学院学报，2002，25（4）：60.

[25] 李生志. 砷污染与农业[M]. 北京：科学普及出版社，1989.

[26] 苏春利，Hlaing W，王焰新，等. 大同盆地砷中毒病区沉积物中砷的吸附行为和影响因素分析[J]. 地质科技情报，2009（3）.

[27] Liao C M，Shen H H，Lin T L，et al. Arsenic cancer risk posed to human health from tilapia consumption in Taiwan[J]. Ecotoxicology and Environmental Safety，2008，70（1）：27-37.

[28] 世界卫生组织. 饮用水卫生与处理技术[M]. 北京：化学工业出版社，2002.

[29] 世界卫生组织. 饮用水水质准则[M]. 北京：人民卫生出版社，2003.

[30] Flora S J，Flora G，Saxena G，et al. Arsenicals：Toxicity，their Use as Chemical

Warfare Agents，and Possible Remedial Measures[M]. Academic Press，2009.
[31] Organization W H. Guidelines for Drinking——water Quality[M]. 2008.
[32] 刘文君，张丽萍. 城镇供水应急技术手册[M]. 北京：中国建筑工业出版社，2007.
[33] GB 5749—2006. 生活饮用水卫生标准[S]. 2006.
[34] GB 3838—2002. 地表水环境质量标准[S]. 2002.
[35] 廖梦霞. 都阳湖沉积物——水界面痕量砷、锑的环境地球化学研究[D]. 成都：成都理工大学，2005.
[36] 诺尔特. 水分析手册[M]. 袁洪福，译. 北京：中国石化出版社，2004.
[37] 缪德仁. FIA-HG-AAS 联用检测磷矿石中的砷[J]. 科教文汇，2007（2）.
[38] 王振华，何滨，史建波，等. 液相色谱——双通道原子荧光检测联用法同时测定砷和硒的形态[J]. 色谱，2009（5）.
[39] 阙香宝，徐璐璐，王玲，等. 砷及其化合物检测技术综述[J]. 安徽预防医学杂志，2009（5）.
[40] 赵磊，肖婷婷，张爱华，等. HG-ICP-OES 检测尿中总砷含量的方法探讨[J]. 黔南民族医专学报，2009（1）.
[41] 杭健，高若柳. 氢化物发生原子荧光法检测人发中的砷汞[J]. 化学工程师，2009（4）.
[42] 干宁，李榕生，李天华，等. 高效液相色谱—氢化物发生—动态反应池—电感耦合等离子体质谱法检测废水中 4 种砷形态[J]. 冶金分析，2009（4）.
[43] 杨桂娣，郑进平，黄红霞，等. 毛细管电泳紫外吸收法分离检测海洋生物样品中不同形态的砷化合物[J]. 分析化学，2009（4）.
[44] 杨会，王焰新，邓娅敏，等. 高砷地下水中砷的形态检测[J]. 环境科学与技术，2009（3）.
[45] Choong T S，Chuah T G，Robiah Y，et al. Arsenic toxicity，health hazards and removal techniques from water：an overview[J]. Desalination，2007，217（1-3）：139-166.
[46] Fields K A，Chen A，Wang L，et al. Arsenic Removal from Drinking Water by Coagulation/Filtration and Lime Softening Plants，EPA，2000.
[47] Snoeyink V L，Jenkins D，Wiley J，et al. water chemistry[M]. 蒋展鹏，刘

希曾，译. 北京：中国建筑工业出版社，1980.

[48] 曲久辉. 饮用水安全保障技术原理[M]. 北京：科学出版社，2007.

[49] 张学洪. 砷的环境化学作用过程研究[M]. 北京：科学出版社，2009.

[50] 严煦世，范瑾初. 给水工程[M]. 北京：中国建筑工业出版社，1999.

[51] 张昱，豆小敏，杨敏，等. 砷在金属氧化物/水界面上的吸附机制Ⅰ：金属表面羟基的表征和作用[J]. 环境科学学报，2006（10）.

[52] 豆小敏，张昱，杨敏，等. 砷在金属氧化物/水界面上的吸附机制Ⅱ：电荷分布多位络合模型模拟[J]. 环境科学学报，2006（10）.

[53] Wang L，Fields K A，Chen A，et al. Arsenic Removal from Drinking Water by Ion Exchange and Activated Alumina Plants，EPA，2000.

[54] 张巧丽，高乃云，乐林生，等. 氧化铁/活性炭复合吸附材料去除水中砷的研究[J]. 同济大学学报（自然科学版），2006（12）.

[55] Mohan D，Pittman J C. Arsenic removal from water/wastewater using adsorbents——A critical review[J]. Journal of Hazardous Materials，2007，142（1-2）：1-53.

[56] Jeong Y，Fan M，Singh S，et al. Evaluation of iron oxide and aluminum oxide as potential arsenic（V）adsorbents[J]. Chemical Engineering and Processing：Process Intensification，2007，46（10）：1030-1039.

[57] 郭秋宁. 活性氧化铝的性质、制备及应用[J]. 广西化工，1996，25（4）：31-35.

[58] Mccall S E，Chen A S C，Wang L，et al. Arsenic Removal from Drinking Water by Adsorptive Media USEPA Demonstration Project at Springfi eld，OH，EPA/600/S-07/072[R]. EPA，2007.

[59] 美国自来水协会. 水质与水处理 公共供水技术手册[G]. 北京：中国建筑工业出版社，2008.

[60] 张岚，岳银玲，李淑敏，等. 铁屑对饮水中砷的去除效果评价[J]. 卫生研究，2008（3）.

[61] 郭学军，陈甫华. 载铁（β-FeOOH）球形棉纤维素吸附剂去除地下水砷（III）的研究[J]. 高等学校化学学报，2005（7）.

[62] 刘辉利，梁美娜，朱义年，等. 氢氧化铁对砷的吸附与沉淀机理[J]. 环境

科学学报，2009（5）.

[63] 梁美娜，朱义年，刘海玲，等. 氢氧化铁对砷的吸附研究[J]. 水处理技术，2006（7）.

[64] 梁美娜，刘芳，刘海玲，等. 氢氧化铁胶体对砷吸附行为的初步研究[J]. 工业用水与废水，2005（6）.

[65] 梁美娜，刘海玲，刘树深，等. 纳米氧化铁的制备及其对砷的吸附作用[J]. 应用化学，2007（12）.

[66] 常方方，曲久辉，刘锐平，等. 铁锰复合氧化物的制备及其吸附除砷性能[J]. 环境科学学报，2006（11）.

[67] 周本省. 工业水处理技术[M]. 北京：化学工业出版社，2002.

[68] Guo H，St D，Berner Z，et al. Characteristics of arsenic adsorption from aqueous solution：Effect of arsenic species and natural adsorbents[J]. Applied Geochemistry，2009，24（4）：657-663.

[69] 邹家庆. 工业废水处理技术[G]. 北京：化学工业出版社，2003.

[70] Mondal P，Majumder C B，Mohanty B，et al. Laboratory based approaches for arsenic remediation from contaminated water：Recent developments[J]. Journal of Hazardous Materials，2006，137（1）：464-479.

[71] Choong T S，Chuah T G，Robiah Y，et al. Arsenic toxicity，health hazards and removal techniques from water：an overview[J]. Desalination，2007，217（1-3）：139-166.

[72] Bejan D，Bunce N J. Electrochemical reduction of As（Ⅲ）and As（Ⅴ）in acidic and basic solutions[J]. JOURNAL OF APPLIED ELECTROCHEMISTRY，2003，33（6）：483-489.

[73] Balasubramanian N，Kojima T，Basha C A，et al. Removal of arsenic from aqueous solution using electrocoagulation[J]. Journal of Hazardous Materials，2009，167（1-3）：966-969.

[74] 许根福. 处理高砷浓度工业废水的化学沉淀法[J]. 湿法冶金，2009（1）.

[75] 谢立靖，邱丽君，娄涛，等. 硫酸生产废水中砷去除方法的研究[J]. 化工环保，1998（5）.

[76] 彭根槐，吴上达. 电石渣－铁屑法去除硫酸废水中的氟和砷[J]. 化工环

保，1995（5）.

[77] 马锡清. 聚合硫酸铁对硫酸废水中砷的去除[J]. 化肥工业，1993（5）.

[78] 刘少武，齐焉，刘东，等. 硫酸工作手册[M]. 南京：东南大学出版社，2001.

[79] 汤桂华. 硫酸[M]. 北京：化学工业出版社，1999.

[80] Condit W E，Chen A S C. Arsenic Removal from Drinking Water by Iron Removal USEPA Demonstration Project at Climax，MN，EPA/600/S-06/152[R]. EPA，2007.

附　录

附录Ⅰ　砷相关化合物及其性质

表Ⅰ-1　一些常见的有机和无机砷化合物

化学文摘社登记号	名称	其他名称	分子式
			三价无机砷
1327-53-3	氧化砷（Ⅲ）	三氧化二砷 氧化亚砷 白砷	As_2O_3（或 As_4O_6）
13464-58-9	亚砷酸（正）		H_3AsO_3
13768-07-05	亚砷酸（偏）		$HAsO_2$
	亚砷酸根		$H_2AsO_3^-$，$HAsO_3^{2-}$，AsO_3^{3-}
7784-34-1	氯化砷（Ⅲ）	三氯化砷 三氯化亚砷	$AsCl_3$
1302-33-9	硫化砷（Ⅲ）	三硫化二砷 雌黄	As_2S_3
			五价无机砷
1303-28-2	氧化砷（Ⅴ）	五氧化二砷	As_2O_5
7778-39-4	砷酸	正砷酸	H_3AsO_4
10102-53-1	偏砷酸		$HAsO_3$
	砷酸根（正）		$H_2AsO_4^-$，$HAsO_4^{2-}$，AsO_4^{3-}
			有机胂
124-58-3	甲胂酸		$CH_3AsO(OH)_2$
75-60-5	二甲次胂酸	卡可基酸	$(CH_3)_2AsO(OH)$

化学文摘社登记号	名称	其他名称	分子式
4964-14-1	三甲基氧化胂		$(CH_3)_3AsO$
593-52-2	甲基胂		CH_3AsH_2
593-57-7	二甲基胂		$(CH_3)_2AsH$
593-88-4	三甲基胂		$(CH_3)_3As$
98-50-0	阿散酸	阿散酸（4-氨苯基）-胂酸	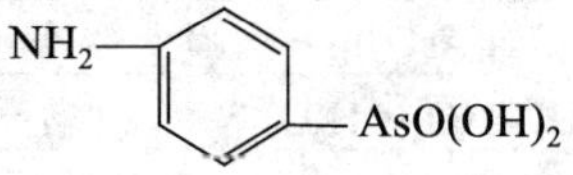
139-93-5	胂凡纳明	4,4-偶砷基双（2-氨苯基）-二盐酸；六零六；洒尔佛散	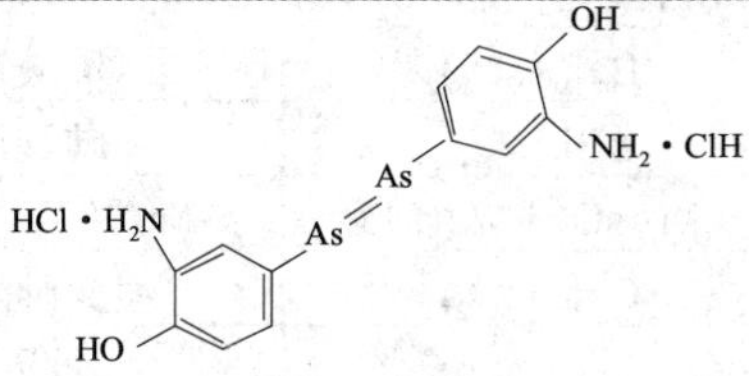
121-59-5	卡巴胂	[4-[氨羰基-氨基]-苯基]-胂酸；N-氨基-甲酰阿散酸	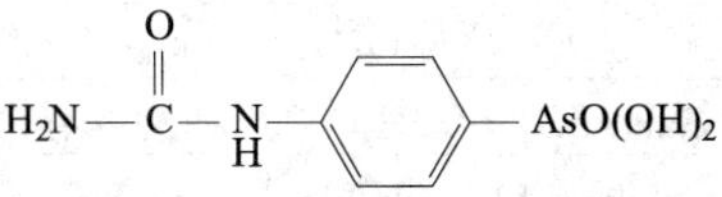
554-72-3	锥虫胂胺	[4-[（2-氨基-2-氧化乙基）-氨基]-苯基]胂酸	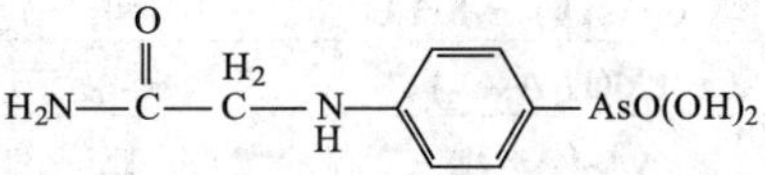
121-19-7	3-硝基-4-羟基苯胂酸		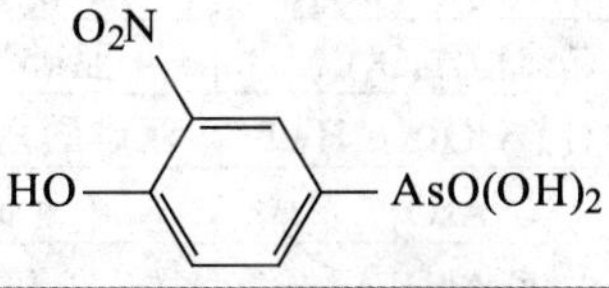
	含砷甜菜碱		$(CH_3)_3As^+CH_2COOH$
	含砷胆碱		$(CH_3)_3As^+CH_2CH_2OH$
	双磺基氯化胂		R_2AsCl
	烷基二氯化胂		$RAsCl_2$

表Ⅰ-2 砷酸盐物性总览

分子式	名称	相对分子量	颜色	形态	密度/(kg/m³)
Ag_3AsO_3	亚砷酸银	446.52	黄	粉	
Ag_3AsO_4	砷酸银	462.52	黑	沉淀	6 657
$AlAsO_4$	砷酸铝	165.9	白	粉、晶	3 250
$Ba(AsO_2)_2$	偏亚砷酸钡	351.17	白	粉	
$BaHAsO_4 \cdot H_2O$	砷酸一氢钡·1 水	295.29		正或单	3 930
$BaHAsO_4 \cdot 3/2H_2O$	砷酸一氢钡·3/2 水	304.28		晶	
$Ba_3(AsO_2)_2$	砷酸钡	689.83	白	粉	
$BiAsO_4$	砷酸铋	347.91		单	7 142
$BiAsO_4 \cdot 1/2H_2O$	砷酸铋·1/2 水	356.91	白	粉	
$Ca_3(AsO_2)_2$	偏亚砷酸钙	253.92	灰白	粉	
$Ca_3(AsO_4)_2$	砷酸钙	398.08	白	粉	3 620
$Ca_3(AsO_4)_2 \cdot 3H_2O$	砷酸钙·3 水	452.13	白	粉	
$Ca_3(AsO_4)_2 \cdot Ca(OH)_2$	砷酸钙·氢氧化钙	472.17	无	粉	2 850
$CaHAsO_4 \cdot 1/2H_2O$	砷酸以氢钙·1/2 水	189.02		晶	
$CaNH_4AsO_4 \cdot 6H_2O$	砷酸钙铵·6 水	305.13		单、片	1 905
$CdHAsO_4 \cdot H_2O$	砷酸氢镉·1 水	270.34			4 164
$Co(AsO_3)_2 \cdot 8H_2O$	偏砷酸钴·8 水	448.9	紫	单、粉	2 900
$Co(H_2AsO_3)_2$	砷酸二氢钴	338.79	红	晶、团	
$Co_3(AsO_3)_2$	亚砷酸钴	422.63	玫瑰红	粉	
$Co_3(AsO_4)_2 \cdot 8H_2O$	砷酸钴·8 水	598.77	红	单	2 948
$Co_3H_6(AsO_3)_4$	亚砷酸六氢钴	674.52	玫瑰红	粉	
$Co_3H_6(AsO_3)_4 \cdot H_2O$	亚砷酸六氢钴·1 水	692.55	浅红		
$CrAsO_3$	亚砷酸铬	174.92	暗绿	粉	
$CrAsO_4$	砷酸铬	190.92	绿	非、粉	
$3Cu(AsO_2)_2Cu(C_2H_3O_3)_2$	偏亚砷酸铜·二乙酸铜（Ⅱ）（1/3）	1 013.77	鲜绿	粉	
$CuHAsO_3$	亚砷酸氢铜	187.48	浅绿	粉	
$Cu_3(AsO_3)_2$	亚砷酸铜	436.49	绿黄	粉	
$Cu_3(AsO_4)_2 \cdot 4H_2O$	砷酸铜·4 水	540.55	蓝绿	非、粉	
$Cu_3(AsO_4)_2 \cdot 5H_2O$	砷酸铜·5 水	556.55	绿	针	
$Cu_5H_2(AsO_4)_4 \cdot 2H_2O$	砷酸二氢铜·2 水	911.39	蓝		

分子式	名称	相对分子量	颜色	形态	密度/(kg/m³)
$Fe_3(AsO_4)_2 \cdot 6H_2O$	砷酸亚铁·6 水	553.47	绿	无	
$Fe(H_2AsO_4)_3$	砷酸二氢铁	377.72	白	沉淀	
$Fe_2As_2O_5$	焦亚砷酸亚铁	341.52	浅绿		
$2FeAsO_3 \cdot Fe_2O_35H_2O$	亚砷酸铁·氧化铁水(2/1/5)	607.3	黄棕		
$FeAsO_4 \cdot 2H_2O$	砷酸铁·2 水	230.79	白	正	3 180
$FeAsO_4 \cdot 4H_2O$	砷酸铁·4 水	266.83	黄白	粉	
$Fe_3(AsO_3)_2$	亚砷酸亚铁	413.39	绿白	粉	
$Fe_3(AsO_3)_2 \cdot 6H_2O$	亚砷酸亚铁·6 水	521.49	白	粉	
Hg_2HAsO_4	砷酸氢二亚汞	541.14	黄红		
Hg_3AsO_3	亚砷酸亚汞	724.69	白、灰黄	粉	
Hg_3AsO_4	砷酸亚汞	740.69	黄白	正	
$Hg_3(AsO_3)_2$	亚砷酸汞	847.61	白	粉	
$Hg_3(AsO_4)_2$	砷酸汞	879.6	棕	单、粉	
$KAsO_2$	偏亚砷酸钾	146.01	白	粉	
$KH_3As_2O_5$	焦亚砷酸三氢钾	271.96	白	粉	
$KH(AsO_2)_2 \cdot H_2O$	偏亚砷酸氢钾·1 水	271.94	白	粉	
KH_2AsO_4	砷酸二氢钾	180.04	无	四	2 867
K_2HAsO_4	砷酸氢二钾	218.13	白	粉	
$K_2HAsO_4 \cdot H_2O$	砷酸氢二钾·1 水	236.13		晶	
K_3AsO_4	砷酸钾	256.22	无	晶	
K_3AsS_3	三硫带亚砷酸钾	288.4			
K_3AsS_4	四硫带砷酸钾	320.46		晶	
Li_3AsO_4	砷酸锂	159.73	白	正	3 070
$Li_3AsO_4 \cdot 1/2H_2O$	砷酸锂·1/2 水	168.75	白	粉	
$LiH_2AsO_4 \cdot 3H_2O$	砷酸二氢锂·3 水	201.93		斜	
$MgHAsO_4 \cdot 7H_2O$	砷酸氢镁·7 水	290.35		单	3.155
$Mg_3(AsO_3)_2$	亚砷酸镁	318.78			
$Mg_3(AsO_4)_2$	砷酸镁	350.74	白	粉	
$MgHAsO_3$	亚砷酸一氢镁	148.23	白	粉	
$MnHAsO_4 \cdot 5H_2O$	砷酸一氢镁·5 水	254.31	无	晶	
$Mn_3(AsO_3)_2 \cdot H_2O$	亚砷酸锰·1 水	428.68	棕	针	

分子式	名称	相对分子量	颜色	形态	密度/(kg/m³)
$Mn_3H_6(AsO_3)_4 \cdot 2H_2O$	亚砷酸六氢锰·2水	698.57	淡玫瑰色	粉	
$MnHAsO_4$	砷酸一氢锰	194.87	红白	粉	
$MnHAsO_4 \cdot H_2O$	砷酸氢锰·1水	212.86			
$MnNH_4AsO_4 \cdot 6H_2O$	砷酸锰铵·6水	319.98	红	粉	
$NaAsO_2$	偏亚砷酸钠	129.92	灰白	粉	3 450
$NaH_2AsO_4 \cdot H_2O$	砷酸二氢钠·1水	181.94	白	正	2 535
Na_2HAsO_3	亚砷酸氢二钠	169.91	无		1 870
$Na_2HAsO_4 \cdot 12H_2O$	砷酸氢二钠·12水	402.1		单	1 720
$Na_2HAsO_4 \cdot 7H_2O$	砷酸氢二钠·7水	312.02	无	单	1 871
$Na_3AsO_4 \cdot 12H_2O$	砷酸钠·12水	424.08	无	三、六	1 759
$Na_3AsS_4 \cdot 15/2H_2O$	四硫带砷酸钠·15/2水	407.28	黄	无	
$Na_3AsS_4 \cdot 8H_2O$	四硫带砷酸钠·8水	416.29		单	
NH_4AsO_2	偏亚砷酸铵	124.96	白	棱或粉	
$NH_4H_2AsO_4$	砷酸二氢铵	158.98		四	2 311
NH_4MgAsO_4	砷酸铵镁	181.26	白	粉	
$NH_4MgAsO_4 \cdot 6H_2O$	砷酸铵镁·6水	289.36		晶	
$(NH_4)_2HAsO_4$	砷酸氢二铵	176	白	单、棱	1 989
$(NH_4)_3AsO_4 \cdot 3H_2O$	砷酸铵·3水	27409	白	正	
$Ni(AsO_4)_2$	砷酸镍	453.89	黄	无	4 982
$Ni(AsO_4)_2 \cdot 2H_2O$	砷酸镍·2水	489.97	绿	粉或片	
$3NiO \cdot 2As_2O_3 \cdot 4H_2O$	亚砷酸镍·4水	691.84	苹果绿	粉	
$Pb(AsO_3)_2$	偏砷酸铅	453.04		六	6 420
$Pb_2As_2O_7$	焦砷酸铅	979.24		正	6 850
$Pb_3(AsO_3)_2$	亚砷酸铅	867.44	白	沉淀	
$Pb_3(AsO_4)_2$	砷酸铅	899.44	白	粉	7 300
$PbHAsO_4$	砷酸一氢铅	347.13	白	单	5 940
$Pb(H_2AsO_4)_2$	砷酸二氢铅	489.06		三	4 460
$SbAsO_3$	亚砷酸亚锑	244.67	白	沉淀或粉	
$SbAsO_4$	砷酸亚锑	260.67	白	粉	
$Sn_3(AsO_4)_4 \cdot 6H_2O$	砷酸锡·6水	1 019.85			
$SnHAsO_4 \cdot 1/2H_2O$	砷酸一氢亚锡·1/2水	267.63	白	沉淀	

分子式	名称	相对分子量	颜色	形态	密度/(kg/m³)
$Sr(AsO_2)_2 \cdot 4H_2O$	偏亚砷酸锶·4 水	373.52	白	晶、粉	
$Sr_3(AsO_4)_2$	砷酸锶	540.7			
$SrHAsO_4 \cdot H_2O$	砷酸一氢锶·1 水	245.56		正、针	3 606
$SrHAsO_4 \cdot 3/2H_2O$	砷酸一氢锶·3/2 水	254.57			
$ZnHAsO_4 \cdot H_2O$	砷酸一氢锌·1 水	223.33	白	粉	
$Zn_3(AsO_4)_2 \cdot 3H_2O$	砷酸锌·3 水	528.03		沉淀	
$Zn_3(AsO_4)_2 \cdot 8H_2O$	砷酸锌·8 水	618.09	无	单	3 309
$Zn_3H(AsO_3)_2$	亚砷酸一氢锌	442.99	白	晶、粉	

表Ⅰ-3 常见难溶砷化物及其溶度积

化合物	K_{sp}	pK_{sp}	化合物	K_{sp}	pK_{sp}
Ag_3AsO_3	4.5×10^{-19}	18.35	$Cu_3(AsO_4)_2$	8.0×10^{-36}	35.1
Ag_3AsO_4	1.0×10^{-22}	22	$Ba_3(AsO_4)_2$	8.0×10^{-51}	50.11
$Ca_3(AsO_4)_2$	6.8×10^{-19}	18.17	$FeAsO_4$	5.7×10^{-21}	20.24
$Sr_3(AsO_4)_2$	4.29×10^{-19}	18.37	$CrAsO_4$	7.7×10^{-21}	20.11
$Mg_3(AsO_4)_2$	2.1×10^{-20}	19.68	$AlAsO_4$	1.6×10^{-16}	15.8
$Ni_3(AsO_4)_2$	3.1×10^{-26}	25.51	As_2S_3	2.1×10^{-22}	21.68
$Zn_3(AsO_4)_2$	2.8×10^{-28}	27.55	$BiAsO_4$	4.4×10^{-10}	9.36
$Co_3(AsO_4)_2$	6.8×10^{-29}	28.17	UO_2HAsO_4	3.2×10^{-11}	10.50
$Mn_3(AsO_4)_2$	1.9×10^{-29}	28.72	$NH_4UO_2HAsO_4$	1.7×10^{-24}	23.77
$Cd_3(AsO_4)_2$	2.2×10^{-33}	32.66	KUO_2AsO_4	2.5×10^{-23}	22.60
$Pb_3(AsO_4)_2$	4.0×10^{-36}	35.39	$NaUO_2AsO_4$	1.3×10^{-22}	21.87
AlAs	1.6×10^{-16}	15.80	$LiUO_2AsO_4$	1.5×10^{-19}	18.82

表Ⅰ-4 砷的标准电极电势

氧化态		电极反应	φ^0/V
酸性	As(0)/As(－Ⅲ)	$As + 3H^+ + 3e \rightleftharpoons AsH_3$	−0.60
	As(Ⅲ)/As(0)	$H_3AsO_3 + 3H^+ + 3e \rightleftharpoons As + 3H_2O$	0.25
	As(Ⅴ)/As(Ⅲ)	$H_3AsO_4 + 2H^+ + 2e \rightleftharpoons H_3AsO_3 + 2H_2O$	0.56
碱性	As(Ⅲ)/As(0)	$AsO_2^- + 2H_2O + 3e \rightleftharpoons As + 4OH^-$	−0.68
	As(Ⅴ)/As(Ⅲ)	$AsO_4^{3-} + 2H_2O + 2e \rightleftharpoons AsO_2^- + 4OH^-$	−0.71

附录Ⅱ 相关水质标准砷的限值

表Ⅱ-1 现行各类水质标准中砷含量限值

水质标准名称	项目限值/（mg/L）
《生活饮用水卫生标准》（GB 5749—2006）	0.01
《生活饮用水卫生规范》（2001）	0.01
《城市供水水质标准》（CJ/T 206—2005）	0.01
《地表水环境质量标准》（GB 3838—2002）	0.05（Ⅲ类）*
《饮用天然矿泉水》（GB 8537—2008）	0.01
《污水综合排放标准》（GB 8978—1996）	0.5
《城镇污水处理厂污染物排放标准》（GB 18918—2002）	0.1
世界卫生组织（WHO）饮用水水质标准第三版（2004）	0.01
美国饮用水水质标准（EPA-822-R-04-005）	0.01
欧盟饮用水水质指令（98/83/EC）	0.01
日本生活饮用水水质标准（2003）	0.01

注：*《地表水环境质量标准》（GB 3838—2002）中Ⅰ类水限值为 0.05 mg/L，Ⅱ类水限值为 0.05 mg/L，Ⅲ类水限值为 0.05 mg/L，Ⅳ类水限值为 0.1 mg/L，Ⅴ类水限值为 0.1 mg/L。

附录Ⅲ 砷的检测方法

以下检测方法的来源：

1.《生活饮用水卫生标准》（GB 5749—2006）；

2.《水和废水监测分析方法（第四版）》。

一、氢化物原子荧光法

1. 范围

本法适用于生活饮用水及其水源水中砷的测定。

本法最低检测质量为 0.5 ng，若取 0.5 mL 水样测定，则最低检测质量浓度为 1.0 μg/L。

2. 原理

在酸性条件下，三价砷与硼氢化钠反应生成砷化氢，由载气（氩气）带入石英原子化器，受热分解为原子态砷。在特制砷空心阴极灯的照射下，基态砷原子被激发至高能态，在去活化回到基态时，发射出特征波长的荧光，在一定的浓度范围内，其荧光强度与砷含量成正比，与标准系列比较定量。

3. 试剂

1）氢氧化钠溶液（2 g/L）：称取 1 g 氢氧化钠溶于纯水中，稀释至 500 mL。

2）硼氢化钠溶液（20 g/L）：称取硼氢化钠（$NaBH_4$）10.0 g 溶于 500 mL 氢氧化钠溶液中，混匀。

3）盐酸（ρ20=1.19 g/mL），优级纯。

4）盐酸溶液（5+95）。

5）硫脲-抗坏血酸溶液：称取 10.0 g 硫脲加约 80 mL 纯水，加热溶解，冷却后加入 10.0 mL 抗坏血酸，稀释至 100 mL。

6）砷标准储备液[ρ(As)=0.1 mg/mL]：称取 0.132 0 g 经 105℃干燥 2 h 的三氧化二砷置于 50 mL 烧杯中，加入 10 mL 氢氧化钠(40 g/L)。使之溶解，加 5 mL 盐酸中，转入 1 000 mL 容量瓶中用纯水定容至刻度，混匀。

7）砷标准中间溶液：吸取 5 mL 砷标准储备液于 500 mL 容量瓶中，用纯水定溶至刻度，混匀。

8）砷标准使用溶液：吸取 10.00 mL 砷标准中间溶液于 100 mL 容量瓶中，用纯水定容至刻度。

4. 仪器

1）原子荧光光度计。

2）砷空心阴极灯。

5. 分析步骤

1）取 10 mL 水样于比色管中。

2）标准系列的配制：分别吸取砷标准使用溶液 0、0.1 mL、

0.3 mL、0.5 mL、0.7 mL、1.0 mL、2.0 mL 于比色管中，用纯水定容至 10 mL，使砷浓度分别为 0、2.0 μg/L、5.0 μg/L、7.0 μg/L、10.0 μg/L、20.0 μg/L。

3）分别向水样、空白及标准溶液管中加入 1 mL 盐酸、1 mL 硫脲+抗坏血酸溶液，混匀。

4）仪器条件（参考）

砷灯电流：45 mA；负高压：305V；原子化器高度：8.5 mm；载气流量：500 mL/min；屏蔽器流量：1 000 mL/min；进样体积：0.5 mL；载流：盐酸溶液。

5）测定：开机，设定仪器最佳条件，点燃原子化器炉丝，稳定 30 min 后开始测定，并绘制标准曲线，计算回归方程。

6）计算

以所测样品的荧光强度，从标准曲线或回归方程中查得样品溶液中砷浓度（μg/L）。

6. 精密度和准确度

4 个实验室测定放一定浓度砷的水样，测定 8 次，其相对标准偏差均小于 4.9%，在水样中加入 5.0～70 μg/L 的砷标准溶液，其回收率为 85.7%～113%。

二、二乙氨基二硫代甲酸银分光光度法

1. 范围

本法适用于生活饮用水及其水源水中砷的测定。

本法最低检测质量为 0.5 μg，若取 50 mL 水样测定，则最低检测质量浓度为 0.01 mg/L。

钴、镍、汞、银、铂、铬和钼可干扰砷化氢的发生，但饮用水中这些例子通常存在的量不产生干扰。

水中锑的含量超过 0.1 mg/L 时对测定有干扰。用本标准测定砷的水样不宜用硝酸保存。

2. 原理

锌与酸作用产生新生态氢。在碘化钾和氯化亚锡存在下，使

五价砷还原为三价砷。三价砷与新生态氢生成砷化氢气体。通过用乙酸铅棉花去除硫化氢的干扰，然后与溶于三乙醇胺-三氯甲烷中的二乙氨基二硫代甲酸银作用，生成棕红色的胶态银，比色定量。

$$AsO_4^{3-}+2I^-+2H^+ \rightarrow AsO_3^{3-}+I_2+H_2O$$

$$AsO_4^{3-}+Sn^{2+}+2H^+ \rightarrow AsO_3^{3-}+Sn^{4+}+H_2O$$

$$AsO_3^{3-}+9H^++3Zn \rightarrow AsH_3+3H_2O+3Zn^{2+}$$

$$AsH_3+6Ag(DDC)+3NR_3 \rightarrow 6Ag+As(DDC)_3+3(NR_3H)(DDC)$$

3. 仪器

1）砷化氢发生器，如图Ⅲ-1 所示

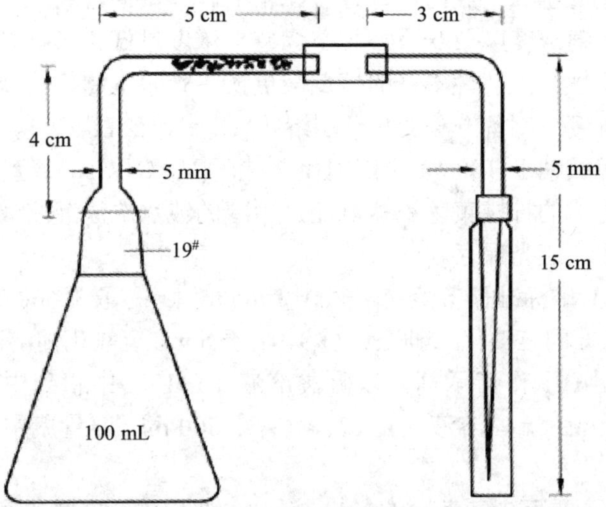

图Ⅲ-1 砷化氢发生器

2）分光光度计

4. 试剂

1）三氯甲烷

2）无砷锌粒

3）硫酸溶液（1+1）

4）碘化钾溶液（150 g/L）：称取 15 g 碘化钾（KI），溶于纯水中并稀释至 100 mL，储于棕色瓶内。

5）氯化亚锡（400 g/L）：称取 40 g 氯化亚锡（$SnCl_2 \cdot 2H_2O$），溶于 40 mL 盐酸（ρ20=1.19 g/L）中，并加纯水稀释至 100 mL，投入数粒金属锡粒。

6）乙酸铅棉花：将脱脂棉浸入乙酸铅溶液（100 g/L）中，2 h 后取出，让其自然干燥。

7）吸收溶液：称取 0.25 g 二乙胺基二硫代甲酸银（$C_2H_{10}NS_2 \cdot Ag$），研碎后用少量三氯甲烷溶解，加入 1.0 mL 三乙醇胺[$N(CH_2CH_2OH)_3$]，再用三氯甲烷稀释到 100 mL。必要时，静置，过滤至棕色瓶内，储存于冰箱中。本试剂溶液中二乙胺基二硫代甲酸银浓度以 2.0～2.5 g/L 为宜，浓度过低将影响测定的灵敏度及重现性。溶解性不好的试剂应更换。实验室制备的试剂具有很好的溶解度。制备方法：是分别溶解 1.7 g 硝酸银、2.3 g 二乙胺基二硫代甲酸钠于 100 mL 纯水中，冷却到 20℃以下，缓缓搅拌混合。过滤生成的柠檬黄色银盐沉淀，用冷的纯水洗涤沉淀数次，至于干燥器中，避光保存。

8）砷标准储备溶液[ρ(As)=1 mg/mL]：称取 0.660 0 g 经 105℃干燥 2 h 的三氧化二砷（As_2O_3），溶于 5 mL 氢氧化钠溶液（200 g/L）中，用酚酞作指示剂，以硫酸溶液（1+17）中和到中性后，再加入 15 mL 硫酸溶液（1+17），转入 500 mL 容量瓶中，加纯水至刻度。

9）砷标准溶液[ρ(As)=1 μg/mL]：吸取砷标准储备液 10 mL，置于 100 mL 容量瓶中，加入纯水至刻度，混匀。临用时，吸取此溶液 10 mL，置于 100 mL 容量瓶中，加入纯水至刻度，混匀。

5. 分析步骤

1）吸取 50 mL 水样，置于砷化氢发生瓶中。

2）领取砷化氢发生瓶 8 个，分别加入砷标准使用溶液 0、0.5 mL、1 mL、2 mL、3 mL、5 mL、7 mL 和 10 mL，各加入纯水至 50 mL。

3）向水样和标准系列中各加 4 mL 硫酸溶液，2.5 mL 碘化钾溶液及 2 mL 氯化亚锡溶液，混匀，放置 15 min。

4）于各吸收管中分别加入 5 mL 吸收溶液，插入塞有乙酸铅棉花的导气管。迅速向各发生瓶中倾入预先称好的 5 g 无砷锌粒，立即塞紧瓶塞，勿使漏气。在室温反应 1 h，最后用三氯甲烷将吸收液体积补足到 5 mL。在 1 h 内于 515 nm 波长，用 1 cm 比色皿，以三氯甲烷为参比，测定吸光度。

5）绘制工作曲线，从曲线上查出水样管中砷的质量。

6）计算

水样中砷（以 As 计）的质量浓度计算式如式（III-1）所示：

$$\rho(\mathrm{As})=\frac{m}{V} \tag{III-1}$$

式中：$\rho(\mathrm{As})$—— 水样中砷（以 As 计）的质量浓度，单位为 mg/L；

m —— 从工作曲线上查得水样管中砷（以 As 计）的质量，单位为μg；

V —— 水样体积，单位为 mL。

6. 精密度和准确度

有 54 个实验室用本标准测定含砷 61 μg/L 的合成水样。测定结果砷的相对标准偏差为 20%，相对误差为 13%。

附录Ⅳ　我国主要活性氧化铝生产厂家

表Ⅳ-1　我国主要活性氧化铝生产厂家

生产厂家	品名	电话	地址	邮编	公司网页
中国铝业山东分公司	活性氧化铝	0533-2944506 0533-2945451	山东省淄博市张店区南定镇五公里路1号	255052	http://www.sdly.com/html/index.html
中国铝业公司贵州铝厂	活性氧化铝	0851-4898028 0851-4898033	贵州省贵阳市白云区	550058	http://www.zlgq.com/gl/index.asp
温州精晶氧化铝有限公司	活性氧化铝	0577-88781102 0577-88180660	浙江省温州市双屿金堡路2号	325007	http://www.chinaalum.com
温州市伟昌吸附剂厂	活性氧化铝	0577-88910781	浙江省温州市鹿城区城南大道球山花园15栋104室	325000	http://www.wzweichang.cn
萍乡市环球化工填料有限公司	活性氧化铝	0799-6371508 13507998313	江西省萍乡市高坑工业园	337042	http://www.pxhqtl.cn
萍乡市天力化工填料有限公司	活性氧化铝	0799-6761967 13317998089	江西省萍乡市后埠街马煌桥	337000	http://www.tlpacking.com.cn

生产厂家	品名	电话	地址	邮编	公司网页
河南省远洋铝业有限公司	活性氧化铝	0373-8887598 0373-8889677	河南省长垣县人民路西段	453400	http://www.hnyyly.com
淄博博洋化工有限公司	活性氧化铝	0533-2982057 13305331092	山东省淄博市张店区山泉路中段	255000	http://www.boyangchem.com/
温县祥源净水材料厂	活性氧化铝	0371-63231636 13938208032	河南省温县黄河路东段	451200	http://www.xyjscl.com
巩义市金碧净水剂厂	活性氧化铝球	0371-64116311	巩义市北山口工业园区	451200	http://www.jbjsj.com.cn
上海博晶分子筛有限公司	活性氧化铝	021-64287038 13816695383	上海市上中西路 1285 弄望族苑 60 号 902 室	200237	http://www.bojing.net
萍乡市石化填料有限责任公司	KA402	0799-3411918 13907993138	江西省萍乡市下埠工业区	337022	http://www.chempacking.com.cn
上海恒业化工有限公司	活性氧化铝	021-57568588 021-57568970	上海市奉贤区青村镇李窑园区光大路 12 号	201414	http://www.hyms.com.cn
江西科帕克环保化工有限公司	活性氧化铝	0799-6612333 0799-6612000	江西省萍乡高新技术工业园西区	337000	http://www.kepake.com

附录Ⅴ 我国主要混凝剂生产厂家

表Ⅴ-1 我国主要混凝剂生产厂家

生产厂家	品名	指标	电话	地址	邮编	公司网页
巩义市中岳净水材料有限公司	聚合氯化铝	饮用水级、非饮用水级	0371-68396185	河南省巩义市新兴路西段	451200	http://www.zhongyuejs.com
	聚合硫酸铁	优等、一等、合格				
巩义市宇清净水材料有限公司	聚合氯化铝	优级、一级、二级	0371-64156198 13838223829	河南巩义市南河渡工业区	451251	http://www.yqjs.com
	聚合硫酸铁					
	聚合氯化铝铁					
巩义市嵩山滤材有限公司	聚合氯化铝	饮用水级、非饮用水级	0371-66557845	巩义市杜甫路	451250	
巩义市东方净水材料有限公司	聚合氯化铝	饮用水级、非饮用水级	0371-63230299/64366368	河南省巩义市安乐街	451200	http://www.gysslc.com.cn
河南玉龙供水材料有限公司	聚合氯化铝	饮用水级、非饮用水级	0371-64132888/64132088	河南省巩义市羽林工业区	451200	http://www.gydfjs.com http://www.hnzhenyu.com
	聚合氯化铝铁					
巩义市滤料工业有限公司	聚合氯化铝	Ⅰ类、Ⅱ类	0371-64133426	河南省巩义市工业示范区	451252	http://www.lvliao.com
	复合型聚合氯化铝铁	优等品、一等品				

生产厂家	品名	指标	电话	地址	邮编	公司网页
巩义市银丰实业公司滤料厂	聚合硫酸铝	优等品、一等品	0371-64397038	河南省巩义市安乐街 9 号		
巩义市韵沟净水滤料厂	聚合硫酸铝	优等品、一等品	0371-68396661	河南省巩义市杜甫向南 20 米		http://www.yfll.cn
巩义市富源净水材料有限公司	聚合氯化铝	优级、一级、二级	0371-64123456	河南省巩义市经济技术开发区		http://www.gyygjs.com http://www.64123456.com
	聚合硫酸铝					
	聚合氯化铝铁					
巩义市华明化工材料有限公司	聚合硫酸铝	优等品、一等品	0371-64121222	河南省巩义市北山口镇豫 31 省道九公里处		http://www.hnhuaming.com
	聚氯化铝铁					
	聚合硫酸铝	优等品、一等品				
大连开发区力佳化学制品有限公司	聚合氯化铝	饮用水级、非饮用水级	0411-87611805/87626490/87625751	大连经济技术开发区黄海西路 6 号	116600	
淄博正河净水剂有限公司	聚合氯化铝	饮用水级、非饮用水级	0533-7607866/7607896	淄博市临淄区开发区（宏鲁工业园内）	255400	http://www.lijiachem.cn
济宁市圣源污水处理材料有限公司	聚合氯化铝	饮用水级、非饮用水级	0537-2514408 13805377748	山东省济宁市唐口经济开发区	272601	http://www.jingshuiji.com.cn

生产厂家	品名	指标	电话	地址	邮编	公司网页
淄博正河净水剂有限公司	聚合硫酸铝		0533-7607866/7607896	淄博市临淄区开发区（宏鲁工业园内）	255400	http://www.sheng-yuan.com.cn
合肥益民化工有限责任公司	聚合氯化铝铁		0551-7673178	安徽省合肥市龙岗开发区 B 区	231633	http://www.jingshuiji.com.cn
蓝波化学品有限公司	聚合氯化铝	饮用水级、非饮用水级	0510-87821568	江苏省宜兴市化学工业园永安路（屺亭镇）	214213	http://www.ymhg.com
宜兴凯利尔净化剂制造有限公司	聚合氯化铝	精制级、卫生级	0510-87846055	江苏宜兴市万石镇港北路	214212	http://www.bluwat.com.cn http://www.kailier.com
	聚合氯化铝铁	卫生级、工业级				
	聚硫氯化铝铁	卫生级、工业级				
宜兴市天使合成化学有限公司	聚合氯化铝	Ⅰ类、Ⅱ类	0510-87674303/87678600	宜兴市芳庄镇	21424	http://www.yxts.cn
	聚合氯化铝铁					
宜兴市必清水处理剂有限公司	聚合氯化铝	饮用水级	0510-87111243/87910047	江苏宜兴市宜城小张墅煤矿	214201	
南京经通水处理研究所宜兴净水剂厂	聚合氯化铝	饮用水级、非饮用水级	0510-87875288/87734620	江苏省宜兴市和桥镇南新人民南路 10 号	214215	http://www.bqscl.com
无锡市必盛水处理剂有限公司	聚合氯化铝	饮用水级、非饮用水级	0510-87694087	宜兴市徐舍镇吴圩	214200	http://www.watersaver.com.cn

生产厂家	品名	指标	电话	地址	邮编	公司网页
常州市武进友邦净水材料有限公司	聚合氯化铝	优等、一等	0519-6393009/8319338	江苏省常州市武进区牛塘镇人民西路 105 号	213163	http://www.wxbisheng.com http://www.youbang18.com
	氯化铝铁	优等、一等				
上海浦浔化工有限公司	聚合氯化铝	饮用水级、工业级	021-68915097/68915075	上海张江高科技产业区龙东支路 8 号	201201	http://www.shpuxun.com
	聚合氯化铝铁	饮用水级、工业级				
平湖市龙兴化工有限公司	聚合氯化铝	优等、一等	0573-5966871	浙江省平湖市曹桥工业园	314214	http://www.phlongxing.com
	聚合氯化铝铁	优等、一等				
	聚合硅酸氯化铝					
	聚合硅酸硫酸铝					
重庆渝西化工厂	聚合氯化铝	饮用水级、非饮用水级	023-65808378/65808096	重庆市九龙坡区西彭镇	401326	